Jürgen H. Franz / Rainer Rotermundt
Technik und Philosophie im Dialog

Schriftenreihe des Fachbereichs Sozial- und Kulturwissenschaften
der Fachhochschule Düsseldorf
Transfer aus den Sozial- und Kulturwissenschaften, Band 11
Herausgegeben von dem Dekan des Fachbereichs Sozial- und
Kulturwissenschaften im Auftrag des Rektors

Jürgen H. Franz / Rainer Rotermundt

Technik und Philosophie im Dialog

Eine philosophische Korrespondenz

Verlag für wissenschaftliche Literatur

ISBN 978-3-86596-246-1
ISSN 1862-6165

© Frank & Timme GmbH Verlag für wissenschaftliche Literatur
Berlin 2009. Alle Rechte vorbehalten.

Das Werk einschließlich aller Teile ist urheberrechtlich geschützt. Jede Verwertung außerhalb der engen Grenzen des Urheberrechtsgesetzes ist ohne Zustimmung des Verlags unzulässig und strafbar. Das gilt insbesondere für Vervielfältigungen, Übersetzungen, Mikroverfilmungen und die Einspeicherung und Verarbeitung in elektronischen Systemen.

Herstellung durch das atelier eilenberger, Leipzig.
Printed in Germany.
Gedruckt auf säurefreiem, alterungsbeständigem Papier.

www.frank-timme.de

Vorwort

Die im vorliegenden Buch publizierten Texte entstanden im Rahmen des interdisziplinären Projektes *Philosophie und Technik* - PHILOTEC, das im Herbst 2007 von der Fachhochschule Düsseldorf mit dem „Innovationspreis zur Unterstützung des innovativsten fachbereichsübergreifenden Projektes" ausgezeichnet wurde. PHILOTEC versteht sich als ein Dialog zwischen Ingenieurwissenschaften und Philosophie, als ein Denken in Zusammenhängen und Alternativen sowie als „anders Denken". Es ist ein Projekt, das im Wesentlichen von studentischen Beiträgen geprägt ist und dem frei nach Kant formulierten Motto folgt:

> Philosophie ohne Technik ist arm,
> Technik ohne Philosophie ist blind.

Um die Ergebnisse einer breiteren Öffentlichkeit zugänglich zu machen, haben wir die Homepage www.philotec.de eingerichtet und mit Hilfe studentischer Unterstützung nach und nach mit „philosophischem Leben" gefüllt.

Gleich zu Beginn des Projektes entschieden wir uns, parallel zur Betreuung der studentischen Projekte, einen philosophischen Dialog über Technikfolgen und ihre Bewertung in Form eines modernen Briefwechsels, also in Form eines E-Mail-Wechsels zu führen. Den Auftakt bildete eine Ouvertüre, der innerhalb von eineinhalb Jahren acht Sätze, teilweise unterteilt in Part I und Part II, folgten. Die schriftliche Korrespondenz wurde durch regelmäßige „Kölner Stammtische" (genauer: Riehler und Nippeser Stammtische) begleitet. Auf diese Weise entstand eine technikphilosophische Symphonie mit unüblichen acht Sätzen. Die diesen Sätzen vorangestellte Einleitung (Kapitel I) gehört nicht selbst zur symphonischen Korrespondenz, sondern repräsentiert eine Art Werkbeschreibung.

Fragt man nach der Besonderheit unserer Korrespondenz, so sind es sicherlich die in ihr sukzessive sich entfaltenden Fragen, die nicht zufällig, sondern notwendig aus

Vorwort

einer philosophischen Reflexion über Technik, ihre Folgen und ihre Bewertung erwachsen. Es sind also diejenigen nicht hintergehbaren Fragen, die jedem entgegentreten, der den Versuch unternimmt, die Wurzeln oder die Bedingungen von Technik, Technikfolgen sowie von Technik- und Folgenbewertung freizulegen. Während sich aber die Fragen aufdrängen, gilt dies für ihre Antworten nicht. Auch dies zeigt unsere philosophiesymphonische Korrespondenz. Auf harmonische Fragen, folgen dissonante thesenartige Antworten, die dem Werk Bögen der Spannung verleihen, die sich auch bis zum letzten Satz, zu unserer Freude, nicht vollständig auflösen. Der Schlussakkord konfrontierte uns mit der Frage, was denn nun aus unserer bislang „im Geheimen" geführten Korrespondenz werden soll. Die Antwort war eine harmonische: Publikation. Denn neben den notwendigen Fragen und den kontingenten Antworten vermittelt unsere Korrespondenz, wie wir hoffen, auch den einen oder anderen fruchtbaren Denkanstoß, zumindest demjenigen, der über den Tellerrand der Technik bzw. der Sozial- und Kulturwissenschaft hinauszuschauen wagt.

Bei der editorischen Umsetzung der Korrespondenz zu einem zusammenhängenden Werk haben wir keinerlei inhaltliche Änderungen mehr vorgenommen, sondern lediglich die Texte in ihrer äußerlichen Form angeglichen. Wir haben uns auch entschieden, die kurzen persönlichen Einführungen zu den einzelnen Sätzen unverändert zu übernehmen, da auch sie Denkansätze vermitteln. Ergänzt wird die Korrespondenz durch drei Aufsätze traditioneller Form, welche auch im Rahmen von PHILOTEC entstanden sind. In ihnen werden einzelne Fragen aus dem großen Spektrum unserer Diskussion weiter vertieft.

Wir möchten an dieser Stelle vor allem den Studierenden danken, die sich aktiv am Projekt PHILOTEC beteiligten und auf diese Weise direkt oder indirekt einen Einfluss auf unseren philosophischen Dialog ausübten. Dank gilt auch den Gastronomen aus Nippes und Riehl, die ohne ihr Wissen zum Gelingen unserer technikphilosophischen, symphonischen Korrespondenz beigetragen haben.

Köln, im Frühjahr 2009   Jürgen H. Franz und Rainer Rotermundt

INHALT

Vorwort 5

Inhalt 7

I   EINLEITUNG 9

II   TECHNIK UND PHILOSOPHIE IM DIALOG

    1   Ouvertüre - Part I 11

    2   Ouvertüre - Part II 17

    3   Erster Satz 21

    4   Zweiter Satz 29

    5   Dritter Satz - Part I 37

    6   Dritter Satz - Part II 47

    7   Vierter Satz 55

    8   Fünfter Satz 65

    9   Sechster Satz - Part I 71

    10   Sechster Satz - Part II 79

Inhalt

11 Siebter Satz 83

12 Letzter Satz 89

III REFLEXIONEN ÜBER TECHNIK

1 Wertneutralität - Ein Irrtum in der Technikdiskussion (Franz) 93

2 Elemente einer Kritik der dinglichen Vernunft (Rotermundt) 123

3 Warum gerade Heidegger? (Rotermundt) 139

IV PERSONENREGISTER 150

I Einleitung

> Wir mögen gut oder schlecht philosophieren,
> aber wir müssen philosophieren.
> Wilfrid Sellars

Diese Einleitung versteht sich als eine Art Werkeinführung. Sie ist also nicht selbst Bestandteil unserer technikphilosophischen, symphonischen Korrespondenz, die mit der *Ouvertüre - Part I* ihren Anfang nimmt. In dieser Ouvertüre wird ein Hauptthema der symphonischen Korrespondenz vorgestellt: Technikfolgen und ihre Bewertung. In der *Ouvertüre - Part II* wird dieses Thema weiter entwickelt. Es ist ein offenes Thema, das sich in den nachfolgenden acht Sätzen frei zu entfalten scheint. Doch bei näherem Hinsehen oder genauerem Hinhören, zeigt sich, dass dem nicht so ist. Denn aus dem Hauptthema erwachsen notwendig und zwangsläufig Subthemen, die sich in Form von Fragen präsentieren, die sich als nicht hintergehbare Kernfragen erweisen. Die philosophische Auseinandersetzung mit dem Hauptthema weist also von sich aus den Weg und führt von sich aus zu den Fragen, die sich in den acht Sätzen der symphonischen Korrespondenz sukzessive offenbaren. Jeder, der über Technik, ihre Folgen und ihre Bewertung zu reflektieren beginnt, wird früher oder später mit diesen Fragen konfrontiert werden.

Welches sind diese Fragen? Zunächst einmal ist es die nach der Technik selbst, also nach dem Wesen der Technik. Was *ist* Technik? Mit dieser Frage haben wir die Technik bereits verlassen. Denn die Frage nach dem Wesen der Technik ist ebenso wie die Frage nach dem Wesen des Baumes oder die sokratische Frage nach dem Wesen der Tapferkeit eine Kernfrage der Philosophie. Eine positive Antwort auf diese Frage zu geben ist ein schwieriges philosophisches Unternehmen. Die ingenieurwissenschaftliche Standardantwort „Technik ist Mittel zum Zweck" erweist sich rasch als ungenügend. Leichter ist es, eine negative Antwort zu geben:

„Die Technik ist *nicht* das gleiche wie das Wesen der Technik. Wenn wir das Wesen des Baumes suchen, müssen wir gewahr werden, dass jenes, was jeden

I Einleitung

Baum als Baum durchwaltet, *nicht* selber ein Baum ist, der sich zwischen den übrigen Bäumen antreffen läßt." [1]

Wenn die Frage nach der Technik eine philosophische ist, so stellt sich unmittelbar die Frage nach dem Verhältnis von Technik und Philosophie im Besonderen und von Wissenschaft und Philosophie im Allgemeinen. Auch hier sind die Antworten kontrovers, wie auch die nachfolgende Korrespondenz deutlich zeigt.

Die Frage nach dem Verhältnis von Technik und Philosophie schließt die Frage nach dem „Nutzen" der Philosophie für die Technik ein. Diese Frage kann allerdings nur dann sinnvoll gestellt werden, wenn man hinsichtlich der Philosophie überhaupt von einem Nutzen sprechen kann, wobei vorab der Begriff des Nutzens selbst kritisch zu untersuchen ist. Ob Philosophie „nützlich" sein kann, schließt die Frage nach dem Verständnis von Philosophie ein. Auch in diesen Fragen liegen die Antworten, wie auch die nachfolgende Korrespondenz wiederum zeigt, weit auseinander.

Während sich die Frage nach der Technik bereits als schwierig erweist, so erweist sich die Frage nach der Bewertung ihrer intendierten und nicht intendierten Folgen als um Grade schwieriger. Denn diese Frage zielt auf die Bedingungen der Möglichkeit von Bewertung. Nach welchen Kriterien oder Maßstäben soll oder kann bewertet werden und woraus ziehen diese Kriterien oder Maßstäbe ihre Rechtfertigung? Was ist überhaupt eine Bewertung? Steckt nicht hinter jeder deskriptiven Aussage bereits eine Bewertung?

---

[1] Martin Heidegger: Die Frage nach der Technik. 10. Auflage. Stuttgart, Klett-Cotta, 2002, S. 5. (Kursivsetzung durch jhf/rr).

II Technik und Philosophie im Dialog

1 Ouvertüre - Part I

> Technikfolgenabschätzung und Technikfolgenbewertung sind nicht zu trennen, denn sie stehen in einem Abhängigkeitsverhältnis.

Lieber Rainer,

mit dieser Mail möchte ich Deine Idee zu einem philosophischen Schriftwechsel aufgreifen und im Sinne unseres letzten Gespräches am vergangenen Dienstag Abend eine philosophische Diskussion des Verhältnisses von Technikfolgenabschätzung und Technikfolgenbewertung einleiten. Mir erscheint es hilfreich, an den Anfang eine Erfahrung zu setzen, die ich in den letzten Jahren in meiner Lehrveranstaltung „Reflexion über Technik" machte. Mit ist bewusst, dass eine solche Erfahrung nur ein Beleg oder illustrierendes Beispiel sein kann, aus dem nichts abgeleitet und mit dem nichts begründet werden kann. Vielleicht können wir diese Erfahrung als eine kleine Ouvertüre zu der daran anschließenden eigentlichen philosophischen Diskussion betrachten. Heute soll es mir also erst einmal nur um diese Ouvertüre gehen, die ich Dir nun vorstellen möchte.

In meiner oben genannten Lehrveranstaltung führen wir seit 1999 sowohl im Wintersemester als auch im Sommersemesters jeweils exemplarisch eine Technikfolgenabschätzung und Technikbewertung durch. Hierzu fordere ich die Studierenden auf, ihrer Phantasie freien Lauf zu lassen und gedanklich eine kleine technische Erfindung zu machen. Die Studierenden stellen ihre Erfindungen kurz vor und wählen dann aus den vielen Erfindungen eine aus, meist mittels Abstimmung. In den letzten Semestern waren dies beispielsweise eine Gedankenlesebrille, mit der man die Gedanken Anderer lesen kann, ein maschineller Hundeausführer für beruflich gestresste Hundebesitzer mit geringer Freizeit oder eine vollautomatische Pflegemaschine für die Pflege alleinstehender älterer Menschen in ihren Wohnungen.

II Technik und Philosophie im Dialog

Nachdem die Studierenden sich für eine ihrer Erfindungen entschieden haben, gehen wir in die Phase der Technikdefinition über. In dieser Phase versuchen wir das erfundene neue Technikprodukt so genau als möglich zu beschreiben. Was kann es? Was kann es nicht? Wie ist seine Funktion und wie seine Bedienung? Ist das neue Technikprodukt in diesem Sinne definiert, so schätzen wir in der anschließenden zweiten Phase seine Folgen ab. Hier erfahren die Studierenden, dass die Technikfolgenabschätzung umso größere Schwierigkeiten bereitet, je schlechter wir das neue Technikprodukt in der ersten Phase definiert haben. Meist ist es erforderlich noch einmal oder sogar mehrmals in die erste Phase zurückzukehren, um die neue Technik klarer zu definieren.

Bei der Technikfolgenabschätzung fordere ich die Studierenden auf, die Folgen möglichst neutral, also möglichst deskriptiv und ohne vorgezogene Wertung zu formulieren. Denn die Bewertung der unterschiedlichen Folgen nach bestimmten noch festzulegenden und noch zu begründenden Bewertungskriterien ist die Aufgabe der dritten Phase. Abzuschätzen sind in der zweiten Phase in aller Regel nur die nicht intendierten Folgen, da die intendierten Folgen zumeist bekannt sind. Bei der Technikfolgenabschätzung erfahren die Studierenden recht schnell, dass meine Forderung nach einer wertneutralen oder vorurteilsfreien Formulierung der Technikfolgen nur schwer, genau genommen gar nicht zu realisieren ist. Nehmen wir als ein Beispiel den Hammer, auch wenn dieser keine technische Neuerung darstellt. Eine intendierte Folge des Hammers ist, dass man mit ihm Nägel einschlagen kann. Diese Folge könnte man also „deskriptiv" wie folgt formulieren: „Der Hammer ermöglicht das Einschlagen von Nägeln". Aber ist dieser Satz tatsächlich rein deskriptiv und damit wertneutral. Eher nein. Denn die Möglichkeit mit dem Hammer Nägel einzuschlagen wird in unserem Alltag als etwas Gutes und nicht als etwas Schlechtes empfunden. Dies bedeutet, in dem Satz „Der Hammer ermöglicht das Einschlagen von Nägeln" schwingt bereits eine Bewertung mit, ohne sie explizit ausgesprochen zu haben. Die Wertabhängigkeit dieses Satzes steckt aber meines Erachtens bereits in seinen Begriffen, was ich aber hier in unserer Ouvertüre noch nicht weiter begründen möchte. Betrachten wir noch eine zweite Folge des Hammers: „Der Hammer kann zu Verletzungen führen", meistens des Daumens. In seltenen Fällen dient er gar als Mordwerkzeug. Auch hier ist der Satz „Der Hammer kann zu Verletzungen führen" nur dem Schein nach deskriptiv und wertfrei. Denn eine Verletzung wird im Allgemeinen als etwas Schlechtes und nicht als etwas Gutes empfunden. Natürlich ist der besondere Fall denkbar, dass sich jemand absichtlich mit dem Hammer verletzt, um sich beispielsweise vor einer bestimmten Arbeit zu drücken. Hier wäre die Verletzung aus der Perspektive des Handelnden etwas Gutes. Auch der eine oder andere Arzt sieht in einer solchen Verletzung vielleicht etwas Gutes, denn schließlich verdankt ein Arzt seine finanziellen Einnahmen seinen Patienten. Wie auch immer, hinter dem Satz „Der Hammer kann zu Verletzungen führen" steckt bereits eine nicht ausgesprochene Bewertung.

Trotz aller Bemühungen gelingt es den Studierenden nicht, die Technikfolgen rein deskriptiv zu formulieren. Diese in den letzten Jahren immer wieder gemachte Erfahrung veranlasste uns schließlich zu der Vermutung, dass Technikfolgenabschätzung und Technikfolgenbewertung nicht zu trennen sind. Dies bedeutet, dass das zu Beginn meiner Mail angesprochene Verhältnis von Technikfolgenabschätzung und Technikfolgenbewertung kein unabhängiges Verhältnis ist. Es ist vielmehr ein Abhängigkeitsverhältnis, das ich in einer These formulieren möchte.

> These: Technikfolgenabschätzung und Technikfolgenbewertung sind nicht zu trennen, denn sie stehen in einem Abhängigkeitsverhältnis.

Ich möchte diese These noch schärfer formulieren indem ich sie nicht nur auf den Sonderfall der Technikfolgenabschätzung und Technikfolgenbewertung begrenze, sondern auf theoretische und praktische Sätze im Allgemeinen ausdehne.

> These: Theoretische Sätze und praktische Sätze sind nicht zu trennen, denn sie stehen in einem Abhängigkeitsverhältnis.

II Technik und Philosophie im Dialog

An dieser Stelle könnte unsere philosophische Diskussion einsetzen. Ob wir uns dabei auf die erste These oder auf beide konzentrieren, wird sich zeigen. Unter Umständen müssen wir auch die aufgeführten Thesen reformulieren. Ich möchte noch anmerken, dass die beiden Thesen nicht neu sind. Die Erfahrung, dass Technikfolgenabschätzung und Technikfolgenbewertung eng miteinander korrelieren, ist jedem bekannt, der einmal den ernsthaften Versuch unternommen hat, diese beiden Aspekte zu trennen. Auf die Abhängigkeit theoretischer und praktischer Sätze hat beispielsweise schon Wilfrid Sellars verwiesen. Auf Sellars werden wir vermutlich im Rahmen unserer philosophischen Diskussion noch stoßen, so dass ich hier auf seine Argumente noch nicht eingehen möchte.

Um meine Ouvertüre nicht zu überdehnen, möchte ich abschließend noch sehr kurz auf die beiden letzten Phasen eingehen, welche die Studierenden durchführen, auch wenn diese beiden Phasen nicht mehr direkt unseren Diskussionspunkt betreffen. Die dritte Phase ist die der Technikfolgenbewertung, die, wie wir gesehen haben, eng mit der zweiten Phase der Technikfolgenabschätzung verknüpft ist. Die Bewertung der einzelnen Folgen führen die Studierenden nach Bewertungskriterien durch, die sie zuvor festgelegt haben. Als Ergebnis wird jedoch eine Gesamtbewertung angestrebt, wobei die Studierenden meist eine Gewichtung der Bewertung der Einzelfolgen vornehmen. Die vierte und letzte Phase ist die der Entscheidung. In dieser Phase wird demokratisch abgestimmt, ob das erfundene, neue Technikprodukt nun auf den Mark gebracht werden soll oder nicht. Durch die vorangegangene Diskussion richtete sich die Abstimmung in den vergangenen Jahren zumeist gegen die Einführung des neuen Produktes. Damit aber ist das Vorhaben noch nicht gestorben. Denn im Falle einer Abweisung der Markteinführung schauen sich die Studierenden diejenigen Technikfolgen, deren Bewertung besonders schlecht ausfiel, nochmals genau an und überlegen, wie das neue Technikprodukt zu verändern ist, damit diese bedenklichen Technikfolgen nicht auftreten oder in nur sehr gemilderter Form auftreten. Das heißt, die Studierenden kehren zurück zur ersten Phase und damit zurück zur Technikdefinition. Damit beginnt das „Spiel" von vorne. Sie verändern ihr Produkt, definieren es entsprechend neu und wiederholen die zweite und dritte Phase. In der

1 Ouvertüre - Part I

vierten Phase, der Phase der Entscheidung, fällt diese dann aber zumeist zugunsten der Einführung des neuen Produktes aus, wenn auch in aller Regel nicht einstimmig. Die Veränderung des ursprünglichen Produktes im Hinblick auf eine Milderung der bedenklichen Technikfolgen hat also bei einigen Studierenden zu einem geänderten Abstimmungsverhalten geführt.[1]

Damit wäre meine Ouvertüre beendet. Nun bin ich gespannt, wie sich unsere philosophische Diskussion entwickelt.

Mit den allerbesten Wünschen

Jürgen

---

[1] Die vier Phasen (1) Technikdefinition, (2) Technikfolgenabschätzung, (3) Technikbewertung und (4) Entscheidung sind der VDI-Richtlinie VDI 3780 *Technikbewertung. Begriffe und Grundlagen.* Berlin, Beuth, 1991 entnommen. In dieser Richtlinie sind die zweite und dritte Phase als getrennte Phasen aufgeführt. Die enge Verkopplung dieser beiden Phasen erwähnt diese Richtlinie nicht.

2 Ouvertüre - Part II

> Worum es aber geht, ist die *Erkenntnis*
> unserer sehr *bestimmten* Ohnmacht.

Lieber Jürgen,

hier kommt der Ouvertüre zweiter Teil. Ich will im folgenden nur auf die Punkte Deiner Mail eingehen, die mir frag-würdig und somit für unsere Diskussion weiterführend erscheinen.

Am Beispiel des Satzes „Der Hammer ermöglicht das Einschlagen von Nägeln" kommst Du zu der These, dass theoretische und praktische Sätze nicht zu trennen seien, weil – wie Du sagst – immer „bereits eine Bewertung" mitschwinge. Ich will nun nicht bestreiten, dass bei jedem Hören eines Satzes bestimmte Bewertungen mitschwingen, doch es handelt sich, wie Du selber am Beispiel des Satzes über die Möglichkeit von Verletzungen zeigst, bei verschiedenen Hörern nicht notwendig um dieselbe Bewertung. Das aber bedeutet: Für die Bewertung kann der Satz nichts. Oder weniger flapsig ausgedrückt: Dem Satz selber ist als solchem eben *keine* Bewertung zuzurechnen; er selbst spricht keine aus. Vielmehr stammt die Bewertung aus dem Zusammenwirken des gehörten Satzes mit einem Bewertungskanon, auf den dieser Satz beim Hörer trifft. Derselbe Satz über die Verletzungsmöglichkeit wird von verschiedenen Hörern höchst verschieden, ja geradezu entgegengesetzt, bewertet, weil sie verschiedene Maßstäbe zur Bewertung mitbringen. Diese Maßstäbe aber stammen nicht aus dem Satz selbst, sondern aus gesellschaftlicher Lage, politischer Situation, persönlicher Einstellung, Ideologie usw. usw.

Dieses Dritte, was hier jenseits des Satzes und seines Hörers ins Spiel kommt, scheint mir ein Moment zu sein, was in der Technikbewertung weitgehend ignoriert wird. Denn aus der Einsicht in diesen Zusammenhang müsste man zu allererst folgern, dass Technikbewertung ohne Bedenken eben dieses Dritten vollkommen unmöglich ist oder schlicht affirmativ gerät zu den je gegebenen aber nicht bedachten Bedingungen. Ich nehme als Einleitungsbeispiel die von Dir genannte zentrale Frage aller

II Technik und Philosophie im Dialog

Bewerter: Soll das Produkt auf den Markt gebracht werden? Allein dieser Frage liegen Voraussetzungen zugrunde, die alles andere als selbstverständlich und folglich zu bedenken sind. Allein die Tatsache, dass sich ein Produkt auf dem Markt behaupten muss, prägt dieses Produkt von A bis Z. Nicht nur sind von vornherein alle Produkte ausgeschieden, die nicht „marktfähig" wären; auch Art und Form des Produktes werden vom Kriterium des Marktes (Marxisch: der Kapitalverwertung) bestimmt.

In diesem Sinne wären alle von den Entscheidern ins Feld geführten Kriterien dafür, ob ein Produkt „gut" oder „schlecht" ist, auf die dabei zugrunde liegenden Maßstäbe zu befragen. Hier kommen historisch vorherrschende Einstellungen ins Spiel, die am allerwenigsten durch den Verweis auf gesellschaftlichen Konsens zu retten sind (vgl. VDI-Richtlinie 3780). Ich wundere mich über die hier waltende abgrundtiefe Naivität. Haben nicht gerade wir in Deutschland es schon erlebt, dass und wie sich gesellschaftlicher „Konsens" zur Barbarei entwickeln kann? Der Einwand, Konsense solcher Art seien natürlich nicht zugelassen, muss sich fragen lassen, erstens wie er das bei notorischem Nicht-Bedenken des von mir genannten Problems bewerkstelligen will, und zweitens woher er die *Maßstäbe* für die „richtigen" und die „falschen" Konsense – vor und jenseits aller Konsensualität! - denn bitteschön hernehmen will.

In der genannten VDI-Richtlinie heißt es: „Zielsysteme und Entscheidungen dagegen können nur nach politisch-demokratischen Regeln in einem gesellschaftlichen Aushandlungsprozess zustande kommen." (S.2) Das ist blanker Dezisionismus.[1] Wer oder was sollte irgendwelche Aushandlungsprozesse daran hindern, zu dem Schluss zu kommen, dass „Zyklon B" ein „gutes" Produkt ist, weil es dafür sorgt, die Erde vom inkarnierten Bösen zu „reinigen"? Die demokratischen Spielregeln? Der Einwand relativiert sich klammheimlich und unwissentlich schon am Wort „Spiel", was über die Verankerung von Demokratie bei den Autoren vielleicht mehr sagt als jeder explizite Satz. Viel wichtiger aber: Nichts, rein gar nichts, ließe sich unter passenden Umständen *nicht* in einem demokratischen Prozess für geltend durchsetzen.

---

[1] Ich erlaube mir, in aller Bescheidenheit auf mein jüngstes Opus zu verweisen: Rainer Rotermundt, *Konfrontationen*, Würzburg (Königshausen & Neumann) 2006, S.128 ff

2 Ouvertüre - Part II

Ich will hier nicht nur darauf hinaus, dass auch gutgemeinte Technikbewertung immer dann eine zweifelhafte Angelegenheit ist, wenn sie ihre eigenen – im weitesten Sinne – historischen Voraussetzungen nicht bedenkt. Viel wichtiger ist mir der Hinweis, dass wir uns klarmachen sollten, aller Maßstäbe, die für ein derartiges Unternehmen gebraucht werden, verlustig gegangen zu sein. Der einzige Maßstab der geblieben ist, ist der der Effizienz, und dieser lässt, da wirst Du mir zustimmen, schlechthin alles zu. Der Rest ist gut gemeint, aber gut gemeint ist bekanntlich zu wenig. In der Einsicht in diese Lage geht die VDI-Richtlinie für ihre Verhältnisse ungeheuer weit, aber sie nimmt sie nicht wirklich ernst. Denn sollte es so sein, dass wir es mit der „Auflösung allgemeinverbindlicher Wertsysteme" (S.11) zu tun haben, dann müssen wir uns *vor allem anderen* dieser Situation stellen!

Und das bedeutet – da bin ich halt wieder bei Heidegger: sich in die Frage *hinein* stellen, sie in allen ihren Dimensionen durchdenken, das Risiko, keine Antwort zu finden, eingehen, statt so zu tun, als könne man die Frage flott durch Verweis auf irgendwelche gesellschaftlichen Konsense übergehen. Wir hätten zur Kenntnis zu nehmen, dass wir - als abendländische Menschheit – uns in einer Situation befinden, wie es sie in der gesamten Menschheitsgeschichte noch nicht gegeben hat. Wenn das keine gigantische Herausforderung ist, dann weiß ich nicht mehr, worüber es sich lohnte nachzudenken. Über die Schwierigkeiten mache ich mir keine Illusion. Gelingt es schon gestandenen Philosophen kaum, dieses Hineinstellen denkerisch zu praktizieren, dann darf man es umso weniger von Technikern[2] erwarten, die nachgerade darauf gepolt sind, auf Fragen Antworten zu produzieren und die Zumutung, sich *in* eine Frage – bei ungewissem Ausgang – *hinein* zu stellen, für ziemlichen Humbug halten müssen. Dennoch: Meines Erachtens führt kein Weg daran vorbei, sofern wir uns seriös mit den Bedingungen beschäftigen wollen, unter denen wir leben – und damit eben auch Technik (im weitesten Sinne) produzieren. In der Reflexion auf das

---

[2] Zu verstehen im Heideggerschen Sinne, d.h. zu beziehen auf *uns alle* (Sozial-Techniker ausdrücklich eingeschlossen), wie wir uns gemeinhin verstehen. Nebenbei bemerkt zeigt die professionelle akademische Philosophie, dass sie von diesem Denken nicht weniger erfasst ist als Nicht-Philosophen. Ihr Hin-und-Her zwischen leer laufender Philosophie-Historie bzw. formaler Logik einerseits und Ratgeber-Ansprüchen andererseits macht es deutlich.

II Technik und Philosophie im Dialog

je eigene (technische) Verhalten hätte dieser Einwand sozusagen immer mitzulaufen, dürfte nie vergessen werden und müsste an allen Ecken und Enden Warntafeln errichten.

Das Dilemma, in dem wir – nolens volens – stehen, besteht darin, in jedem Moment unseres privaten wie beruflichen Daseins Entscheidungen treffen zu müssen, für die uns die Maßstäbe fehlen. Diese Situation mit der Suche oder Herbeizauberung bestimmter Maßstäbe überwinden zu wollen, wäre seinerseits ein im präzisen Sinne „technischer" Versuch, denn er glaubte sich seiner Situation mächtig. Worum es aber geht, ist die *Erkenntnis* unserer sehr *bestimmten* Ohnmacht.[3] Nicht ginge es darum, mit Verweis auf die technische Ohnmacht die Hände in den Schoß zu legen. Es geht um ein *sehr präzises* Wissen von Nichtwissen und den Versuch, sich in dieser Situation zu halten, sie aus-zu-halten. Jeder Versuch, sie zu ignorieren oder die Meinung, sie aus eigener Kraft überwinden zu können, ist dazu verurteilt, blindwütig – d.h. mit „zufälligem" Ausgang und dem bekannten Ende: „Das haben wir nicht gewollt!" - weiter „Technik" herkömmlicher Art bzw. in grandioser Selbsttäuschung noch Schlimmeres zu fabrizieren (- und das haben „wir" natürlich auch nicht gewollt).[4]

---

[3] Von Heidegger her gesehen handelt es sich um die Einsicht in die „Voll-endung" der Metaphysik.
[4] Fatalerweise hat dieses Nichtgewolltliaben auch noch seine verkehrte Wahrheit, denn die Täter wussten wirklich nicht, was sie taten. Fatale und bekannte Konsequenz: Sie werden daraus auch nichts lernen können.

3 Erster Satz

> Wie so oft hinkt die Vernunft hinterher.

Lieber Rainer,

vielen herzlichen Dank für Deine Antwort, die Du als Ouvertüre II tituliert hast. Aufgrund meiner Überlast in der Lehre und in der Hochschulselbstverwaltung komme ich leider erst heute dazu, Deine Antwort zu reflektieren. Ich bitte um Verzeihung. Nach zwei Ouvertüren scheinen wir nun so langsam in Schwung zu kommen und ich bin ebenso wie Du gespannt, wie unser philosophisches „Musikwerk" nun weiter geht.

Wenn ich Deine Ouvertüre II richtig deute, werden mit ihr nunmehr drei Diskussionsfelder aufgespannt: Erstens, das philosophisch immer noch unbestimmte Verhältnis von Technikfolgenabschätzung und Technikfolgenbewertung bzw. von deskriptiven und präskriptiven Sätzen, zweitens, die von uns beiden genannte VDI-Richtlinie und drittens, die unreflektierten Voraussetzungen und Bedingungen dieser Richtlinie im Besonderen und der Technikfolgenbewertung im Allgemeinen. Ich werde versuchen auf alle drei Felder einzugehen.

1 Unreflektierte Voraussetzungen und Bedingungen

Gleich über welches Thema wir nachdenken, wir werden stets auf zugrundeliegende Bedingungen und Voraussetzungen, also auf Prämissen stoßen. Ohne eine vorgängige Reflexion dieser Bedingungen, bleibt jedes Nachdenken über das Bedingte oberflächlich und mangelhaft. Dies gilt ohne Einschränkung auch für die Thematik der Technikfolgenbewertung. Ich stimme daher mit Dir überein, dass wir allererst ihre Voraussetzungen und Bedingungen bedenken müssen. Ich stimme auch mit Dir überein, dass dies ein sehr schwieriges Unterfangen und eine große philosophische Herausforderung ist. Aber wir kommen um diese philosophische Aufgabe nicht herum. Ich möchte im Folgenden in zwei Schritten vorgehen. Zunächst möchte ich über Probleme reflektieren, die mit dieser philosophischen Herausforderung möglicherweise verbunden sind. Da ein solches schwieriges Unterfangen nicht über Nacht geleistet werden kann, möchte ich in einem zweiten Schritt darüber nachdenken, in welcher Weise wir quasi zwischenzeitlich Technik bewerten können.

1.1 Mögliche Probleme der Reflexion der Bedingungen und Voraussetzungen

Das erste Problem, das ich bei den bislang unreflektierten Bedingungen sehe, ist die Benennung dieser zu reflektierenden Bedingungen. Welches sind die Bedingungen und Voraussetzungen, die zu reflektieren sind? Sind sie uns bekannt, oder müssen wir sie allererst suchen? Dass es sie gibt, daran besteht kein Zweifel. Aber welche sind es?

Das zweite Problem besteht darin, dass auch Bedingungen bedingt sind. Somit wären auch die Bedingungen der Bedingungen und die Voraussetzungen der Voraussetzungen zu reflektieren und so weiter in regressus in infinitum. Oder gibt es Urvoraussetzungen und Urbedingungen? Stoßen wir damit nicht letztendlich auf Gott als den alles Bedingenden? Mir fällt da Böckenförde ein, mit dem ich mich vor einiger Zeit befasste. Böckenförde fragt nach den Voraussetzungen, von denen der säkularisierte Staat lebt und auf die er seine Freiheit gründet. Sein berühmtes Zitat lautet: *Der freiheitliche, säkularisierte Staat lebt von Voraussetzungen, die er selbst nicht garantieren kann. Das ist das große Wagnis, das er, um der Freiheit willen, eingegangen ist.*[1] Damit stellt sich für ihn die Frage, *ob nicht auch der säkularisierte weltliche Staat letztlich aus jenen inneren Antrieben und Bindungskräften leben muß, die der religiöse Glaube seiner Bürger vermittelt.*[2] Diese Äußerung wird gern als Argument dafür genommen, Gott als den alles Bedingenden in Verfassungen oder Grundgesetze aufzunehmen. Besteht, wenn wir nach den Bedingungen und Voraussetzungen der Technikfolgenbewertung fragen, nicht das

---

[1] BÖCKENFÖRDE, Ernst-Wolfgang: Recht, Staat, Freiheit. Studien zur Rechtsphilosophie, Staatstheorie und Verfassungsgeschichte. Frankfurt am Main, Suhrkamp, 1991, S. 112.
[2] Ebd., S. 113.

gleiche Problem? Führt diese Frage nicht notwendig in einen regressus in infinitum, den wir nur durch die Setzung eines Gottes beenden können?

Kommen wir zum dritten Problem. Nehmen wir an, wir könnten den regressus in infinitum vermeiden und die Bedingung(en) und Voraussetzung(en) benennen, die zu reflektieren sind. Haben wir es nun mit nur einer einzigen zu reflektierenden Bedingung zu tun? Sicherlich nicht. Vermutlich werden wir ein Bedingungsgeflecht vorfinden. Stehen wir nun nicht vor der Entscheidung zu rechtfertigen, welche der Bedingungen in diesem Geflecht mehr und welche weniger reflexionswürdig sind? Gibt es Bedingungen von größerer und kleinerer Relevanz? Sobald wir es mit einem Bedingungsgeflecht zu tun haben, benötigen wir Kriterien für die Relevanz oder Reflexionswürdigkeit. Kriterien sind aber stets an Bedingungen geknüpft, so dass wir auch hier wieder in einen regressus in infinitum münden.

Lieber Rainer, ich möchte mit den aufgeführten Problemen nicht als Schwarzmaler auftreten. Im Gegenteil, je schwieriger Probleme sind, umso reizvoller sind sie. Außerdem, so haben wir ja oben festgestellt, kommen wir um die philosophische Aufgabe nicht herum, die jeweils zugrundeliegenden Bedingungen und Voraussetzungen zu reflektieren. Es ist eine notwendige Aufgabe, gleich welche Thematik wir diskutieren. Vielleicht stimmst Du daher, zusammen mit mir, der folgenden These zu.

> These: Es ist die Aufgabe der Philosophie durch kritisches Hinterfragen auf bislang unreflektierte Bedingungen und Voraussetzungen hinzuweisen um damit Aufklärung zu leisten. Philosophie ist Aufklärung.

Dies gilt uneingeschränkt auch für die Thematik der Technikfolgenbewertung.

II Technik und Philosophie im Dialog

1.2 Zwischenzeitliche Technikfolgenbewertung

Ich möchte mich nun, wie oben angekündigt, dem zweiten Schritt zuwenden und überlegen, was der Mensch in Sachen Technikfolgenbewertung tun kann, solange die zugrundeliegenden Bedingungen und Voraussetzungen noch unreflektiert sind. Ohne Zweifel ist eine Technikfolgenbewertung ohne Reflexion ihrer Bedingungen und Voraussetzungen mangelhaft, nicht im Sinne einer Schulnote, sondern im Sinne, dass sie entscheidende Mängel aufweist. Dies gilt selbstverständlich auch für die genannte VDI-Richtlinie 3780. Den Aufweis ihrer Mängel kann man am philosophischen Schreibtisch führen oder aber, wie es meine Studierenden in den letzten Jahren getan haben, durch ein Praktizieren dieser Richtlinie. Dies hat auch der VDI getan und 1999 einen Bericht publiziert, der anhand von Fallbeispielen auf die Mängel der Richtlinie im praktischen Vollzug hinweist.[3] Was ist zu tun? Sollen wir die gegenwärtig in vielen Ländern praktizierte Technikfolgenbewertung, da mangelhaft, verwerfen? Dies würde bedeuten, dass wir die Technik wieder in ihr Reich der Wertneutralität und des Technikdeterminismus entlassen. Dies wäre eine Katastrophe. Es ist die große Leistung der VDI-Richtlinie, trotz ihrer vielfältigen Mängel, den Mitgliedern des Verbandes für Ingenieure und allen anderen Lesern gezeigt zu haben, dass Technik eben nicht wertneutral ist und, dass die Technikentwicklung eben nicht determiniert vorgeht, sondern, dass in ihr Entscheidungen über Alternativen zu treffen *und* zu verantworten sind. Dies ist ein großer Schritt. Denn Technikfolgenbewertung ist notwendig. Der nächste große Schritt wäre der von Dir vorgeschlagene, nämlich die Bedingungen und Voraussetzungen einer Technikfolgenbewertung zu benennen und zu reflektieren. Sicherlich wäre es vernünftiger gewesen, diesen Schritt allen anderen voranzustellen. Aber wir haben es nicht getan und deshalb haben wir heute eine unreflektierte und folglich bloß mangelhafte Technikfolgenbewertung. Wie so oft hinkt die Vernunft hinterher. Holen wir also den versäumten Schritt nach, reflektieren die Bedingungen einer jeglichen Technikfolgenbewertung und errichten so ein völlig neues Gebäude der Technikfolgenbewertung. Aber solange dieses auf

---

[3] Rapp, F. (Hrsg.): Aktualität der Technikbewertung. Erträge und Perspektiven der Richtlinie VDI 3780. Düsseldorf, VDI, 1999.

3 Erster Satz

Reflexion der Voraussetzungen gegründete Gebäude noch nicht steht, dürfen wir das alte Gebäude trotz seiner Mängel nicht abreißen, sondern müssen weiterhin in ihm wohnen. Denn ohne dieses alte Gebäude wären der technischen Entwicklung Tür und Tor geöffnet. Wir hätten dann weder eine gute noch eine schlechte Technikfolgenbewertung, sondern gar keine. In diesem Falle wäre die Technikentwicklung jeder Kontrolle entzogen. Und dies wäre tatsächlich eine Katastrophe. Dies erinnert mich an Descartes, der ein neues Gebäude der Moral errichten möchte, aber das alte Gebäude der Moral solange nicht abreißt, wie das neue Gebäude im Bau ist.

„Ehe man das Haus, in dem man wohnt, von neuem aufzubauen beginnt, muß man es nicht bloß niederreißen und sich Material und Bauleute besorgen oder sich selbst in der Baukunst üben und außerdem auch den Grundriß sorgfältig gezeichnet haben, sondern man muß auch ein Haus haben, wo man solange, als hier gearbeitet wird, bequem wohnen kann.[4]

Wir müssen also zweigleisig fahren. Wir müssen durch die Reflexion der Bedingungen das neue Gebäude der Technikfolgenbewertung errichten und solange dieses noch nicht steht, das alte Gebäude erhalten und vielleicht auch verbessern. Auch dabei kann uns die Philosophie helfen. Im Vergleich zur großen philosophischen Herausforderung der Reflexion der Bedingungen und Voraussetzungen ist dies natürlich eine weitaus bescheidenere philosophische Aufgabe, die „nur" in Aufklärung und Kritik besteht. Gegenwärtig sind beide Aufgaben nötig. Das entscheidende Problem dabei sind ohnehin nicht die Mängel der gegenwärtigen Technikfolgenbewertung, sondern die immer noch allgegenwärtige Ignoranz gegenüber jeglicher Technikfolgenbewertung, sei sie mit oder ohne Mängel, mit oder ohne reflektierte Voraussetzungen.

---

[4] DESCARTES, Rene´: Abhandlung über die Methode des richtigen Vernunftgebrauchs. Stuttgart, Reclam, 2000, Drittes Kapitel, S. 22

2 Die VDI-Richtlinie 3780

Da ich bereits unter Kapitel 1 einiges zu dieser Richtlinie geäußert habe, möchte ich hier nur einige Ergänzungen anfügen. Ich habe in meiner Ouvertüre I berichtet, dass wir uns bei unseren studentischen Projekten zur Technikfolgenabschätzung und Technikfolgenbewertung an dieser Richtlinie orientieren. Wir verwenden diese Richtlinie, da uns momentan nichts Vergleichbares bekannt ist. Dies bedeutet nun aber keineswegs, dass wir dieser Richtlinie kritiklos gegenüberstehen und sie als eine Art Kochrezept der Technikfolgenabschätzung und Technikfolgenbewertung verwenden. Ganz im Gegenteil. Wir haben diese Richtlinie wiederholt kritisch reflektiert und dabei sukzessive ihre Mängel aufgedeckt, insbesondere hinsichtlich ihres Werteoktogons. Nach welchen Kriterien wurden die acht Werte ausgewählt? Welche Werte fehlen? Warum fehlt der Wert Freiheit? Wie ist das Oktogon begründet? Auffallend ist die relative Dominanz wirtschaftlicher und technischer Werte (Funktionsfähigkeit). Wie Du richtig bemerkt hast, entbehrt dieses Oktogon jeglicher Reflexion der vielfältigen Voraussetzungen und Bedingungen, auch historischer Art. Bei unseren eigenen Projekten haben wir uns daher nicht auf dieses Oktogon gestützt, sondern haben stets versucht eine eigene Wertediskussion zu führen. Wir haben über die Jahre erfahren, dass die Richtlinie nicht ohne weiteres praktizierbar ist. Letzendlich haben wir von der Richtlinie lediglich das Vierstufenmodell (Technikdefinition, Technikfolgenabschätzung, Technikfolgenbewertung und Entscheidung) übernommen. Aber auch dabei haben wir erkannt, dass diese strikte Trennung nicht einzuhalten ist, beispielsweise die Trennung von Folgenabschätzung und Bewertung (siehe meine Ouvertüre I). Auch der VDI hat, wie oben erwähnt, diese Probleme erkannt und sie acht Jahre nach der Veröffentlichung der Richtlinie publiziert. Trotz aller Mängel in der gegenwärtigen Technikfolgenbewertung haben wir unsere Projekte nicht eingestellt. Denn wir sind von der Notwendigkeit der Technikfolgenbewertung überzeugt. Und wir sind auch davon überzeugt, dass eine mit Mängeln behaftete Technikfolgenbewertung immer noch besser ist als gar keine. Dies ändert selbstverständlich nichts an der Notwendigkeit der Reflexion ihrer Voraussetzungen und Bedingungen. Aber diese Reflexion ist erst noch zu leisten.

3 Verhältnis von deskriptiven und präskriptiven Sätzen

Ich möchte nun zum Abschluss noch auf das Verhältnis von deskriptiven Sätzen und praktischen (präskriptiven) Sätzen zu sprechen kommen. Du sagst, dass deskriptive Sätze, wie z.B. „der Hammer kann zu Verletzungen führen", keine Wertung aussprechen. Das sehe ich, in gewissen Grenzen, ebenso. Aber sie initiieren eine Wertung *und* sie suggerieren in aller Regel eine *bestimmte* Wertung. Wir können allein durch die Auswahl bestimmter deskriptiver und damit scheinbar nicht-wertender Sätze oder Begriffe bei den Nutzern eines Technikproduktes wahlweise entweder Angst oder Freude wecken. Es ist richtig, die deskriptiven Sätze sprechen explizit keine Wertung aus, denn dies tut allein der Mensch. Nun unterliegen aber unsere Begriffe in unserer Alltagssprache bestimmten Gebrauchsregeln. Und unter diesen Regeln werden Begriffe wie „Verletzungsgefahr" und „Mord" (beides ist mit dem Hammer möglich) in aller Regel, also im Allgemeinen, als negativ oder schlecht bewertet. Ergo unterliegen diese Begriffe bereits einer (menschlichen) Vorbewertung. Und in diesem Sinne äußern auch deskriptive Sätze bereits eine bestimmte allgemeine Wertung. Die von mir gewählten Ausdrücke „in aller Regel" und „im Allgemeinen" lassen Ausnahmen zu, die bekanntlich die Regel bestätigen. So kann sich im Besonderen der Arzt über eine Verletzung seiner Patienten und der Bestatter über den vom Hammer Erschlagenen freuen. Doch dies sind moralisch verwerfliche Ausnahmen, die der allgemeinen Gebrauchsregel der Begriffe „Verletzung" und „Mord" entgegenstehen. Im Allgemeinen unterliegen Begriffe durch ihre Gebrauchsregeln bereits einer Wertung. Nicht zuletzt sind solche Gebrauchsregeln selbst bereits präskriptive Sätze, also Sollenssätze. Und in diesem Sinne sind deskriptive Sätze immer auch präskriptiv.

Lieber Rainer, ich freue mich auf Deine Antwort.

Mit den allerbesten Wünschen

Jürgen

4 ZWEITER SATZ

> So zeigt sich, dass Technik als Technik immer schon (auch als antike, nur eben anders als die moderne) „normativ" ist.

Lieber Jürgen,

auf Deinen Ersten Satz folgt nun mein Zweiter. Ich werde mich wieder an die Reihenfolge halten, in denen Du die verschiedenen Fragen angesprochen hast, um nach und nach die Grundlage für den Dritten Satz zu schaffen.

Du verweist im ersten Punkt auf die grundsätzliche Bedingtheit *aller* menschlichen Reflexion. Diesen Gedanken möchte ich noch einmal mit allem Nachdruck hervorheben, denn ihn einmal im Hinterkopf festgehalten schützt vor so mancher denkerischen Torheit. Dabei ist das Problem philosophisch keineswegs ausgestanden. Ich denke hier in erster Linie an Diskussionen im Zusammenhang des so genannten Deutschen Idealismus oder an zeitgenössische Versuche der Apel-Schule oder Vittorio Hösles, auf Grundlage verständigen Denkens eine absolute Basis letztendlich sogar für ethische Maximen zu finden.

Andererseits ist im Wissen um die Bedingtheit des Denkens der verführerische Kurzschluss angelegt, man solle - und könne – diese Bedingtheit offen legen, kenne dann die Basis, auf der man stehe und sei folglich in der komfortablen Lage, sämtliche Resultate des Denkens als absolut gültige hervorzubringen. Zwischen der jeweiligen Gegenwart und diesem zukünftigen Zeitpunkt läge dann nur mehr oder weniger Zeit mit mehr oder weniger gedanklicher Anstrengung. So denkt der Techniker, dem man entgegenhält, irgendeines seiner Produkte funktioniere nicht optimal. Er wird immer sagen: „Na ja, dann machen wir es halt solange besser, bis es optimal ist."

Schon Hegel hat in seiner *Logik* vor dieser Überlegung gewarnt: „Die Gründlichkeit scheint zu erfordern, den Anfang als den Grund, worauf alles gebaut sei, allem voraus zu untersuchen ... Diese Gründlichkeit hat zugleich den Vorteil, die größte

II Technik und Philosophie im Dialog

Erleichterung für das Denkgeschäft zu gewähren; sie hat die ganze Entwicklung in diesen Keim eingeschlossen vor sich und hält sich für mit allem fertig, wenn sie mit diesem fertig ist ..."[1] In der Suche nach diesem absoluten Grund tat man sich solange relativ leicht, als man ihn in Gott finden konnte. So konnte man dem *regressus in infinitum* entgehen. Leibniz spricht diesen Zusammenhang in aller Klarheit aus: „So muss der zureichende Grund, der nicht wiederum einen anderen Grund nötig hat, außerhalb dieser Folge der kontingenten Dinge liegen und sich in einer Substanz finden, die seine Ursache wäre und die ein notwendiges Sein wäre, welches den Grund seiner Existenz mit sich trüge. ... Und dieser letzte Grund der Dinge wird *Gott* genannt."[2]

Da uns heute dieser Rekurs verlegt ist, verschärft sich die Frage nach der Bedingtheit des Denkens in dramatischer Weise. Denn nun muss das Bedingte nach Unbedingtem fragen, von dem es weiß, dass es dieses in Gott nicht mehr finden kann. Dies gibt ihm die Frage auf, wie bedingtes Denken, das sich als solches weiß, überhaupt noch seinem Unbedingten auf die Spur kommen könne, oder ob die Frage als solche als sinnlos und somit nicht-stellbar abzuweisen sei. Fragten wir nach den Bedingungen wie nach Gegenständen oder platonischen Ideen, so würde sich die Frage reproduzieren: Woher stammen dann jene Gegenstände oder Ideen? Der *regressus in infinitum* ließe sich auf diesem Wege nicht aufhalten, sondern bekäme eher einen zusätzlichen Schub.

Die Umgehensweise des Denkens mit diesem Problem ist seit Nietzsche bis in die Gegenwart geprägt entweder von Ignoranz (Dezisionismus) oder eingestandener Verzweiflung (analytische Philosophie). Du sprichst in Deinem Text mit dem Böckenförde-Zitat die Seite des Dezisionismus an. Nicht aus Eitelkeit, sondern als Hinweis, dass mir die Problematik nicht ganz fremd ist, erlaube ich mir an dieser Stelle, auf zweier meiner eigenen Opera hinzuweisen. Eben der Böckenförde, den Du

---

[1] G.W.F. Hegel, *Wissenschaft der Logik I*, Frankfurt/M. (Suhrkamp) 1969 (= TWA 5), S. 32
[2] G.W. Leibniz, *Prinzipien der Natur und der Gnade*, § 8, in: ders., *Monadologie und andere metaphysische Schriften*, Hamburg (Meiner) 2002, S. 163

4 Zweiter Satz

zitierst, benennt – bezogen auf die staatsrechtliche Entwicklung - das Problem ganz genau: „Nach 1945 suchte man … in der Gemeinsamkeit vorhandener Wertüberzeugungen eine neue Homogenitätsgrundlage zu finden. Aber dieser Rekurs auf die 'Werte', auf seinen unmittelbaren Inhalt befragt, ist ein höchst dürftiger und auch gefährlicher Ersatz; er öffnet dem Subjektivismus und Positivismus der Tageswertungen das Feld, die, je für sich objektive Geltung verlangend, die Freiheit eher zerstören als fundieren."[3]

Hier geht es um das, was ich in Anschluss an Carl Schmitt „Dezisionismus" nenne, nämlich um die fatale, doch naheliegende Konsequenz des nihilistischen Denkens, sein Heil in der bloßen *Entscheidung* zu suchen. Richtig und falsch im politischen oder moralischen Sinne existieren nicht mehr[4], Entscheidungen können sich folglich nicht mehr auf sie gründen, d.h. stehen letztlich auf sich selbst und damit prinzipiell zur Disposition bis zur nächsten, anderen Entscheidung. Ein großer Teil meines jüngsten Buches dreht sich um diese Frage.[5] Ich sehe das Kennzeichen des Denkens nach Nietzsche in der „Verabsolutierung des Endlichen", und in dieser Kennzeichnung reflektiert sich offenbar das Problem: Endlichkeit, die sich verabsolutiert, widerspricht sich selbst. Dies zu sehen, erfordert wenig gedanklichen Aufwand. Spannender – und für uns heutige Menschen weitaus wichtiger – wird die Sache, wenn wir uns klarmachen, dass diese sich dem Absoluten verweigernde Endlichkeit gar *nicht anders kann*, als sich zu widersprechen. Darin aber macht sich ein Absolutes geltend, das die Endlichkeit prinzipiell übersteigt, dem es aber mit ihren Mitteln nicht mehr gerecht werden und auch nicht mehr auf die Spur kommen kann. Die Alten nannten das eine Aporie.

Damit sind wir wieder beim „Ersten Satz" und der Technikbewertung. Deine rhetorische Frage, ob wir dem drohenden *regressus in infinitum* letztlich nur durch „die Setzung eines Gottes beenden" könnten, muss man auf dem hier angedeuteten Hinter-

---

[3] Ernst-Wolfgang Böckenförde, *Recht, Staat, Freiheit*, 2. Aufl. Frankfurt/M. (Suhrkamp) 1992, S. 112
[4] Deswegen sprach Nietzsche von der Situation *jenseits* von Gut *und* Böse.
[5] Vgl. Rainer Rotermundt, *Konfrontationen*, Würzburg (Königshausen & Neumann) 2006, Kap.2, 4

II Technik und Philosophie im Dialog

grund mit einem klaren „Jein" beantworten. Denn der entscheidende Haken an Gott ist, dass wir ihn nicht *setzen* können, sonst wäre er eben nicht Gott, sondern unser Produkt (und nach den Richtlinien des VDI zu untersuchen). Im übrigen ist er uns im Laufe von Aufklärung und Nihilismus so endgültig verlorengegangen, dass jeder Versuch, diesen historischen und geistigen Prozess hintergehen zu wollen, zum Scheitern verurteilt ist.[6] Andererseits stehen wir in unserer Endlichkeit offenbar in Bezug zu einem Absoluten, welches wir aber nicht mehr denken können. Darauf verweist uns Heideggers These der begrifflichen Unvermitteltheit von „Ver"- und „Entbergung", vom „Nichten des Nichts". Hier stehen wir vor einem Berg offener bzw. noch gar nicht adäquat gestellter Fragen.

Deine Offenheit hinsichtlich der möglichen Suchergebnisse (drittes Problem) in allen Ehren. Aber woher willst Du wissen, dass wir auf mehr als eine Bedingung stoßen werden? Und woher wollten wir die Maßstäbe für die „größere oder kleinere Relevanz" von Bedingungen nehmen, wenn wir doch weder diese selbst noch gar die Maßstäbe für ihre Beurteilung kennen (die denn auch aus diesen stammen müssen, ansonsten hätten wir es mit *zwei* Absoluta zu tun, und das geht ja nun ganz und gar nicht). Deiner These stimme ich daher mit zwei kleinen, aber m.E. wichtigen Modifikationen zu: (a) Was heißt „kritisches Hinterfragen"? Welcher Kritikbegriff liegt da zugrunde und wie geht „Hinterfragen"? Gibt es dafür methodische Vorschriften? (b) „Philosophie ist Aufklärung." In der Tat! Aber nicht Aufklärung des Anderen, sondern *des Menschen selbst über sich*. Und diese Selbstaufklärung wird umso schwieriger, je weniger wir uns auf einen Gott berufen können, der uns unser „Sein" offenbart hat. Mit anderen Worten: Nach Nietzsche muss Philosophie sozusagen von vorne anfangen, muss sich Fragen stellen, die bis dato gar nicht existiert haben.

Und mittendrin: Die Technik und die Frage nach ihrer Bewertung. Sollten meine oben genannten Einwände gegen den Versuch, das Unbedingte dingfest zu machen, zutreffen, dann kann es nicht um eine Reihenfolge in der Technikbewertung gehen

---

[6] Was nicht heißt, dass er immer wieder unternommen würde (vgl. Esoterik, Islamkonversion u.a.), was aber eher die – zu Recht! - empfundene Not charakterisiert als eine Lösung darstellt.

4 Zweiter Satz

(vgl. Punkt 1.2 Deines Textes), sondern um einen permanenten Prozess, in dem das eine nicht vom anderen zu trennen ist. Will sagen: Die „Frage nach der Technik" *ist* Technik"bewertung", und zwar die einzig sinnvolle. Denn die Selbsterkenntnis des Menschen kann nicht auf ein einmaliges und endgültiges Resultat zielen, sonst gäbe es keine Geschichte – und eben auch keine Technik samt ihren Problemen; sonst gäbe es keinen Unterschied zwischen antiker τεχνη und moderner Technik, einen Unterschied, der qualitativen Charakter hat, wie wir bei Heidegger lernen. Die Tatsache, dass der Mensch eine Geschichte hat, legt die Heideggersche *Vermutung* nahe, dass sein „Sein" in „Zeitlichkeit" gründet, *und die Frage*, ob es auch darin aufgeht.[7]

Die Quadratur des Kreises besteht für uns also heute darin, Technik nicht in den ihr so angenehmen „Determinismus" zu entlassen, *und* stets das Nihilismus-Dezisionismus-Problem im Auge zu behalten, d.h. von ihm her zu denken. Dass über solche Anstrengungen die meisten Techniker nur müde lächeln können, um sie auf diese Weise vom Tisch zu wischen, spricht natürlich nicht gegen, sondern angesichts dessen, was Technik anrichtet bzw. anzurichten sich anschickt, eher für die Dringlichkeit der Auseinandersetzung. Allerdings sollten wir uns davor hüten zu glauben, philosophische Reflexion könne nach Freilegung ihrer eigenen Bedingungen zu eindeutigen Maßstäben von Technikbewertung gelangen. Dieser Gedanke scheint mir (vgl. oben) allzu technisch. Nicht nur hinkt das Begreifen dem zu Begreifenden notorisch hinterher. Die Eule der Minerva beginnt nun einmal erst in der Dämmerung ihren Flug, und anders kann dies auch nicht sein. Auch vorherrschende Einstellungen (Technikdeterminismus, Neutralität der Technik usw.) und ökonomische Systemzwänge (vgl. meine Hinweise zum „Markt" als Kriterium der Technikbewertung in „Ouvertüre II") bringen Entwicklungen hervor, die durch vorwegnehmende Reflexion nicht aufzuhalten sind. Damit müssen wir uns bescheiden.

Das entscheidende Problem aber liegt m.E. an anderem Ort. Ehe wir uns bewertend zu Technik äußern, gälte es zu bedenken, was wir in einem solchen Fall täten. Wir

---

[7] Dies hier aber nur nebenbei. Ich sehe hier die Perspektiven einer Auseinandersetzung mit Heidegger, die ihn radikal ernst nimmt.

II Technik und Philosophie im Dialog

würden, so meine These, genau die Technik affirmieren, um deren Kritik es uns geht. Deswegen kann auch ein VDI Kriterien zur Technikbewertung entwickeln und propagieren, nicht aber die Kritik des Vorgehens als solche. Es geht nämlich im Kern um die Frage des Verhältnisses von so genannten Tatsachen und ihrer moralisch-ethischen „Bewertung". Nehme ich die Frage so auf, dann ist das Entscheidende schon geschehen: Die Affirmation dessen, was Technik heißt *als* Tatsache. Philosophisch: In der Technikbewertung wird vorweg das „Sein" vom „Sollen" abgespalten, um dann einer äußerlichen Einschätzung überantwortet zu werden.[8] Genau da aber liegt der berühmte Hase im nicht minder berühmten Pfeffer.

Das Problem der Technik liegt jedoch nicht in der Schwierigkeit, Maßstäbe zu ihrer Bewertung zu finden, sondern *in ihr selbst.* Dies zu sehen, setzt voraus, im Unterschied zwischen beispielsweise antiker τεχνη und moderner Technik das in ihnen jeweils implizierte, zu ihrem Grunde gelegten und in ihnen *wirk*-lich werdenden Welt- und Selbstverständnis des Menschen zu erkennen. So zeigt sich, dass Technik als Technik immer schon (auch als antike, nur eben anders als die moderne) „normativ" ist, insofern sie auf solchem Grund gründet. Konkret und bezogen auf moderne Technik: Sie impliziert die „Norm" der Gegenständlichkeit („Dinglichkeit") der Natur insgesamt, d.h. auch der Natur des Menschen. Nähern wir uns von außen dieser Technik, um sie zu bewerten, dann haben wir immer schon diese *Ver-ding*lichung von Natur und Mensch akzeptiert. Der Rest ist Kosmetik. Eine philosophische Auseinandersetzung mit Technik hätte dies zuallererst zu bedenken, ehe sie sich auf die Suche nach bewertenden Maßstäben macht. So würde sich auch die ideologie-produzierende Macht eines Technikverständnisses zeigen, das die qualitativen Unterschiede zwischen antiker und moderner Technik verwischt, indem sie beide nur als Instrumentalität auffasst (womit – nebenbei bemerkt – das moderne Technikverständnis in die Antike projiziert würde bzw. wird). Auf diese Weise kann

---

[8] „Werte von Tatsachen abzuspalten heißt, dem puren Sein ein abstraktes Sollen gegenüberzustellen." (Jürgen Habermas, *Erkenntnis und Interesse*, in: ders., *Technik und Wissenschaft als ' Ideologie'*, Frankfurt/M. (Suhrkamp) 1968, S.149 f)

sich die darin liegende heimliche Ontologie auch noch als Kritik aller Ontologie (oder „Metaphysik") aufspielen. Galoppierender Irrsinn!

Damit wird die Aufgabe der Philosophie keineswegs bescheidener, sondern in einem wohlbestimmten Sinne unbescheidener. „Aufklärung und Kritik" im erhofften absoluten Sinne kann sie niemals leisten. Wohl aber kann und muss sie die Auffassung des Menschen von sich selbst einer permanenten Prüfung unterziehen, und dies macht mehr mit eben diesem Menschen, als ihn aufzuklären: Es *ver-ändert* ihn, und zwar im ganzen. Reflexion des Menschen auf sich selbst ist permanente und bewusste Selbstveränderung, das, was früher einmal „Bildung" hieß und was nicht dadurch obsolet geworden ist, dass es den „mainstream" nicht mehr kümmert. Sieht man sie Sache so, dann ergibt sich schon daraus ein Moment der Kritik, wenn auch nicht einfach als Aufklärung, sondern als die – immerwährende - Aufgabe der Philosophie, *zu begreifen, was ist.*

Und dies haben wir in aller Radikalität zu tun. Dazu gehört auch, mit dieser Provokation will ich es diesmal bewenden lassen, die Frage danach, woher Du, lieber Jürgen, weißt, dass es sich beim Gebrauch des Hammers zum Zwecke des Mordens um „moralisch verwerfliche Ausnahmen" handelt. Worin gründet diese Moral? Das Christentum als Berufungsinstanz ist im Zeitalter des Dezisionismus ebenso verschlissen wie Nützlichkeit oder Lust oder Konvention. Worauf also soll sie sich gründen?

Ich bin gespannt, was Dir zu all dem, was dieser Zweite Satz angeboten hat, einfällt.

In inzwischen schon fast alter Freundschaft,

Rainer

5 Dritter Satz - Part I

> Technik ist nämlich immer auch eine Form
> von Handeln und folglich auch Gegenstand
> der Ethik.

Lieber Rainer,

leider mussten auch dieses Mal wieder viele Tage vergehen, bis ich endlich Gelegenheit fand, Deinen Text zu reflektieren und zu beantworten. Immer wieder standen der große Berg beruflicher Verpflichtungen und leider auch zunehmend berufsbedingte gesundheitliche Probleme im Wege. Darum freue ich mich, dass die Zeit zwischen Weihnachten und Neujahr mir nun endlich erlaubt hat zu antworten.

Mit jedem neuen Text und mit jedem neuen Kölner Gespräch lernt man sich sukzessive auch philosophisch näher kennen. So erahne ich inzwischen hinter Deinen Essays eine philosophische Position, die sich mir so langsam zu entfalten beginnt. Da sie Deine Überlegungen grundlegend bestimmt, möchte ich in dieser Antwort auch einmal den Versuch wagen, Deine Position zu rekonstruieren. Gelingt mir dies, so habe ich endlich, im Kantischen Sinne, die Bedingungen der Möglichkeit eines tieferen Verständnisses Deiner Texte gefunden. Ich bin gespannt, ob mir dieser Versuch glückt. Dein nächstes Schreiben werde ich daher mit großer Freude erwarten.

Ich möchte im Folgenden in drei Schritten vorgehen. Zunächst möchte ich, wie gerade geschildert, den Versuch einer Rekonstruktion Deines philosophischen Fundaments unternehmen. Anschließend möchte ich auf Deinen Zweiten Satz eingehen, wobei ich mich auf wesentliche Aspekte begrenze. Drittens möchte ich in einer Art Fazit drei philosophische Probleme aufführen, die uns sicherlich noch beschäftigen werden.

II Technik und Philosophie im Dialog

1 Versuch einer kritischen Rekonstruktion der philosophischen Position Rainers

In der Philosophie geht es um Wahrheit. Du verstehst den Begriff Wahrheit in einem sehr engen Sinne, nämlich als *die* Wahrheit oder als *das* Absolute. Es ist die Aufgabe der Philosophie, hier stimme ich Dir zu, nach dieser Wahrheit zu fragen. Bei dieser Frage dürfen wir die Wahrheit nicht voreilig verdinglichen, denn solange wir nach ihr im metaphorischen Sinne suchen, dürfen wir keine voreiligen Schlüsse ziehen oder Thesen aufstellen, z.B. ihre Dinglichkeit. Wir dürfen daher nicht fragen, *was* die Wahrheit ist, denn durch diese Frage würde sie bereits verdinglicht, sondern wir müssen fragen, *wie* wir uns als Menschen auf sie beziehen. Auch hierin stimmte ich mit Dir im weitesten Sinne überein. Obwohl es sicherlich erlaubt ist, rein hypothetisch die Annahme zu treffen, die Wahrheit *sei* dinglich. Wenn diese Annahme dann im Zuge weiterer philosophischer Untersuchungen zu einem Widerspruch führt, so haben wir mittels reductio ad absurdum, die Falschheit der Annahme bewiesen. Ich stimme folglich mit Dir zwar überein, dass man nicht voreilig die Behauptung aufstellen darf, die Wahrheit ist etwas Dingliches. Aber ich darf zumindest als heuristische Arbeitshypothese denken, sie *sei* dinghaft, um zu schauen, was diese Hypothese für Folgerungen mit sich bringt. Um zu zeigen, dass *das* Absolute nicht dinghaft ist, muss ich zeigen, dass ein Denken, sie *sei* dinglich, mit logischer Notwendigkeit zu Widersprüchen führt.

Der Gedanke, dass es *die* Wahrheit oder *das* Absolute gibt, ist für mich der Inbegriff der Philosophie schlechthin. Er hat vor vielen Jahren mein Interesse an der Philosophie geweckt. Ich denke wir sind uns einig, dass dieser philosophische Wahrheitsbegriff nicht mit dem alltagssprachlichen Begriff von Wahrheit konform, geschweige identisch ist. Andererseits muss aber der alltagssprachliche Wahrheitsbegriff notwendig in irgendeiner Relation zu *der* Wahrheit bzw. zu *dem* Absoluten stehen. Und es ist folglich eine Aufgabe der Philosophie nach dieser Beziehung zu fragen bzw. sie zu reflektieren. Wenn ich mich nicht täusche, spiegeln gerade diese beiden letzten Aussagen einen wesentlichen Teil Deiner Position wider.

5 Dritter Satz - Part I

Der Begriff der Wahrheit als *die* Wahrheit oder als *das* Absolute und der alltagssprachliche Begriff der Wahrheit haben trotz ihrer Beziehung zueinander sicherlich eine unterschiedliche Bedeutung. In der Alltagssprache sagt man beispielsweise: „Sag die Wahrheit!" Oder: „Ist es wahr, dass Du gestern in der Kneipe warst?" Die hier angesprochene Wahrheit ist zweifelsfrei eine andere, als die Du im Sinn hast und die ich mal als metaphysische Wahrheit titulieren möchte. Was folgt aus alledem? Müssen wir mit zwei Arten von Wahrheiten leben, nämlich mit der alltagssprachlichen und zugleich mit der metaphysischen? Ich denke, es entspricht Deiner Position, dass die alltagssprachliche Wahrheit auf der metaphysischen Wahrheit, also auf *der* Wahrheit bzw. auf *dem* Absoluten gründet, auch wenn die Art und Weise der Beziehung zwischen beiden uns noch unbekannt ist und eine große philosophische Herausforderung darstellt. Man könnte im Sinne Platons die These aufstellen, dass zwischen beiden eine Abbildbeziehung oder eine Teilhabebeziehung besteht, dass also alle Alltagswahrheiten deswegen Wahrheiten sind, weil sie an der Idee der metaphysischen Wahrheit teilhaben. Wenn Du diese These mit der Begründung ablehnst, dass hier *die* Wahrheit bereits wieder unzulässig als dinglich vorausgesetzt wird, dann würde ich mich freuen. Denn es würde zeigen, dass ich bei der kritischen Rekonstruktion Deiner philosophischen Grundposition noch auf dem richtigen Pfade bin. Ich denke, Du gehst sogar noch einen Schritt weiter, und würdest sagen, dass man bei der alltagssprachlichen Wahrheit nicht von Wahrheit sprechen sollte, denn dieser Begriff ist allein *der* Wahrheit oder *dem* Absoluten vorbehalten. Wie sollen wir aber dann die alltagssprachliche Wahrheit nennen? Durch welchen Begriff sollen wir ihn ersetzen? Vielleicht durch den Begriff der Meinung? Dies würde ich für untreffend halten, da zwischen Wahrheit und Meinung auch im alltagssprachlichen Sinne eine graduale Differenz besteht und zwar hinsichtlich ihrer „Nähe" zu *der* Wahrheit. Wollen wir den alltagssprachlichen Begriff der Wahrheit überhaupt ersetzen? Fall ja, wie nennen wir dann das Gegenteil von Lüge? Vielleicht sollten wir in der Alltagssprache anstatt von Wahrheit von Richtigkeit sprechen. Aber auch dies würde ich für verfehlt halten, denn „richtig" geht häufig mit „zweckmäßig" einher. So kann es sich in einer Notsituation durchaus als „richtig" erweisen zu lügen (Notlüge). Ich würde daher vorschlagen, dass wir es auch in der Alltagssprache bei dem Begriff der Wahrheit belassen, ohne aber dabei zu vergessen, dass sie in einer noch philosophisch zu reflektierenden Beziehung zu *der* Wahrheit oder zu *dem* Absoluten steht, das wir auch Gott nennen können. Wenn wir dies nicht vergessen aber dennoch zugestehen, dass wir auch in unserer zwischenmenschlichen Kommunikation, wie auch in den Wissenschaften, einen wie auch immer gearteten alltäglichen Begriff der Wahrheit nötig haben, so habe ich keine Bedenken über diesen alltagssprachlichen Begriff und über adäquate Wahrheitstheorien (Korrespondenztheorie, Kohärenztheorie u.a.) philosophisch zu reflektieren. Ich vermute, letzteres wirst Du als Unsinn bezeichnen, da wir nicht über alltagssprachliche Wahrheiten reflektieren können, wenn wir nicht zuvor ihre Beziehung zu *der* Wahrheit reflektiert haben. Wir müssen also fragen, in welcher Beziehung stehen wir zu ihr. Ich denke, dies ist die Wurzel, die Dich bewegt, beständig nach *den* Bedingungen zu fragen, gleich welches Thema zur philosophischen Debatte steht. Wenn dem so ist, dann bin ich erstens dem Verständnis Deiner Position ein Stück näher gekommen und zweitens zur Einsicht, dass wir gar nicht so weit auseinander liegen. Die uns trennende Differenz scheint dann (momentan) nur darin zu bestehen, dass ich Deine Forderung, nach *den* Bedingungen zu fragen, durch die Forderung ergänze, auch das Bedingte philosophisch zu reflektieren, denn Philosophieren vermag dem Menschen zu helfen, sich in der Welt zurecht zu finden, auch in Anbetracht der Gefahr, dass wir niemals zu den ersten Bedingungen, zu *der* Wahrheit, *dem* Absoluten oder zu Gott allein mittels unserer Vernunft vordringen. Nun bin ich aber erst einmal gespannt, inwieweit mich mein Versuch einer Rekonstruktion Deiner Grundposition dabei unterstützt, Deinen Zweiten Satz in einen Dritten überzuleiten.

Prolegomena zu einem Dritten Satz

In der Musik gibt es neben kurzen Sätzen auch längere. So könnte es sein, dass unser Dritter Satz vielleicht mehrere Schriftwechsel überdauert, bevor er in einen Vierten Satz mündet. Ich betrachte meine Antwort zu Deinem Zweiten Satz in diesem Sinne zunächst als eine Art Vorspiel zu einem Dritten Satz. Es liegt somit in Deiner Hand, ob Du dieses Vorspiel kompositorisch aufgreifst oder mit einem Paukenschlag beendest, um zu neuen philosophischen Kompositionen überzugehen. Wie auch immer, ich freue mich darauf.

Aus Deinen ersten eineinhalb Seiten entnehme ich, dass ich mit meiner obigen Rekonstruktion gar nicht so falsch liege. Als besonders aufschlussreich und zugleich zusammenfassend erachte ich Deine in der Auseinandersetzung mit Nietzsche gewonnene These, dass sich eine „dem Absoluten verweigernde Endlichkeit gar *nicht anders kann*, als sich zu widersprechen." Ähnlich auch im folgenden Absatz, in dem Du auf Heidegger verweist: „Andererseits stehen wir in unserer Endlichkeit offenbar in Bezug zu einem Absoluten." Wir stehen also als endliche Menschen *immer* in Bezug zu einem Absoluten, das ich oben, ich denke in Deinem Sinne, auch als *die* Wahrheit benannt habe. Die philosophische Kernfrage muss daher, so Deine These, lauten: Wie beziehen wir uns auf dieses Absolute? Mit dem Wort *immer* möchte ich andeuten, dass wir in allen Lebenslagen, bei allen unseren Handlungen und bei allen unseren denkerischen Tätigkeiten zu diesem Absoluten in Bezug stehen, folglich auch bei Technikfolgenabschätzungen und Technikfolgenbewertungen. Ich möchte Dir hier in keiner Weise widersprechen; nicht nur weil gestern noch Weihnachten war, sondern weil ich überzeugt bin, vermutlich ebenso wie Du, dass dieses Absolute und unsere Beziehung zu ihm, zu den ganz großen philosophischen Herausforderungen gehört, auch wenn die Gegenwartsphilosophie sich überwiegend auf konkretere philosophische Probleme stürzt (die natürlich auch wieder in Bezug zu diesem Absoluten stehen). Ich denke aber, dass man die Philosophie nicht auf diese ehrwürdige Aufgabe begrenzen sollte. Philosophie ist auch Kritik und Aufklärung, aber ebenso Analyse und Synthese. Diese „bodenständige" Philosophie, wie ich sie mal nennen mag, hat durchaus das Potential unserem Leben Ordnung und Struktur zu geben. Sie kann auch bei bodenständigen Problemen helfen, nicht indem sie Lösungen anbietet, sondern indem sie zum Denken, Anders-Denken, Hinterfragen, zur Selbstkritik und Selbsterkenntnis auffordert. Und natürlich, so würdest Du vermutlich ergänzen, indem sie uns auffordert, uns in Beziehung zum Absoluten zu setzen. Ich habe den Verdacht, dass sich unsere Positionen, zumindest zum jetzigen Zeitpunkt, primär in den Aufgaben unterscheiden, die wir der Philosophie zumuten.

II Technik und Philosophie im Dialog

In Deinem Zweiten Satz stellst Du mir einige Fragen. Zunächst die Frage, woher ich wissen will, *dass wir auf mehr als eine Bedingung stoßen werden?* Ich weiß es nicht. Aber ich halte mehrere Bedingungen als denkmöglich. Und nun wäre es die (Deine?) Aufgabe zu zeigen, dass mich dieser Gedanke in Widersprüche verwickelt. Wenn man allerdings die Bedingung, nach der wir fragen, mit *dem* Absoluten gleichsetzt, dann wäre dies schon gelungen, denn auch ich gehe davon aus, dass es nicht *zwei* Absoluta gibt. Ich vermute, Du setzt tatsächlich beides gleich oder alles drei gleich: *die* Wahrheit = *das* Absolute = *die* Bedingung oder *das* Bedingende. Wenn dem so ist, dann löst sich mein genanntes Problem auf.

Deine zweite Frage dreht sich um den Kritikbegriff, um das Hinterfragen und um seine Methode. Den Begriff „kritisch" verwende ich stets sowohl kantisch im Sinne einer systematischen und detaillierten Auseinandersetzung, als auch im alltäglichen Sinne von „kritisieren" oder „Kritik üben" durch den Ausweis begründeter Antithesen und Gegenargumente. Unter Hinterfragen verstehe ich nicht nur ein beständiges Weiterfragen, sondern vor allem ein Fragen nach Hintergründen, im Sinne eines Metafragens, also vergleichbar der ursprünglichen Bedeutung von Metaphysik. Eine Methode gibt es dafür selbstverständlich nicht und schon gar keine Vorschrift, es sei denn die selbstauferlegte Vorschrift, immer weiter zu fragen.

Du schreibst, dass Philosophie nicht die Aufklärung des Anderen ist, sondern *des Menschen selbst über sich*. Für mich ist Aufklärung beides: primär, Aufklärung des Menschen über sich selbst, und sekundär, Aufklärung des Anderen. Das Ziel der Aufklärung des Anderen ist dabei allein, ihn zur Selbstaufklärung zu bewegen. Mehr nicht. Alles andere ist nicht Aufklärung des Anderen, sondern Bevormundung. In diesem Sinne verstehe ich auch Kants *Was ist Aufklärung?* als eine Aufklärung des Anderen über die Notwendigkeit der Selbstaufklärung.

Gegen Deine These, die „Frage nach der Technik" *ist* Technik"bewertung" habe ich zunächst nichts einzuwenden. Ob sie die einzig sinnvolle ist, möchte ich allerdings bezweifeln. Deine These lässt sich wie folgt formalisieren, wobei nun der Ingenieur

5 Dritter Satz - Part I

oder der Analytiker aus mir spricht: Die Frage nach X *ist* X"bewertung". Stimmt dies auch für X = *menschliche Handlungen*? Mir scheint, in Bezug auf menschliche Handlungen, auch die folgende Frage als sinnvoll: Die Frage nach der Bewertung menschlicher Handlungen, ist (auch) eine Frage nach den Werten. Oder in Bezug auf Technik: Die Frage nach der Technikbewertung ist (auch) eine Frage nach den Werten. Dies scheinst Du aber zu verneinen, denn Du schreibst: „ *Das Problem der Technik liegt* jedoch nicht in der Schwierigkeit, Maßstäbe zu ihrer Bewertung zu finden, sondern *in ihr selbst.*" Auch hier bin ich bestrebt, um Deine These zu verstehen, Analogien zu bilden. Eine solche wäre beispielsweise: Das Problem menschlichen Handelns liegt jedoch nicht in der Schwierigkeit Maßstäbe zu seiner Bewertung zu finden, sondern in ihm selbst. Gibt das einen Sinn? Inwieweit ist meine Analogie zulässig? Ich denke, hier besteht noch Reflexionsbedarf.

Nun noch zu Deiner letzten Frage: Worauf gründet Moral? Diese Frage wäre sicherlich ein schöner Titel für ein Buch. Da ich nicht die Absicht habe, hier ein Buch zu beginnen, begnüge ich mich mit einer kurzen Antwort, wohlwissend, dass wir über diese Frage bestenfalls reflektieren können, und ich mich mit einer Antwort, wie immer sie lautet, der philosophischen Kritik aussetze. Aber auf diese Kritik, zumal aus deinem Munde, freue ich mich.

Moral gründet auf Vernunft! Göttliche oder andere Autoritäten möchte ich mal aus dem Spiel lassen. Da unsere Vernunft naturgemäß begrenzt ist, so ist es auch die Moral. Es ist ergo ein nicht endendes Unternehmen unserer Vernunft, die Moral beständig zu reflektieren, zu kritisieren und zu hinterfragen. Es ist, wie Wilfrid Sellars vermutlich sagen würde, ein selbst-korrigierendes Unternehmen. Und das ist meines Erachtens schon sehr viel. So hat dieses Unternehmen beispielsweise den „Gebrauch des Hammers zum Zwecke des Mordens", als moralisch bedenklich ausgewiesen. Ich finde, das ist durchaus ein beachtliches Ergebnis unserer Vernunft, mit dem wir leben können. Damit ist zwar nicht ausgeschlossen, dass ein Hammer eines Tages unser Leben im wahrsten Sinne des Wortes mit einem Schlag beenden wird, aber es ist doch tröstlich zu wissen, dass die Wahrscheinlichkeit dafür gering ist. Gemäß

Deiner Position, so wie ich sie bislang verstanden habe, müsste man hinsichtlich der Moral beständig danach fragen, in welchem Verhältnis sie zum Absoluten steht, auf das sich die Moral in irgendeiner Weise doch notwendig bezieht. Aber auch dies vermag nur die Vernunft zu leisten und zwar wieder im Sinne einer beständigen Selbstaufklärung und Selbstkorrektur. Daher meine Antwort: Moral gründet auf Vernunft.

Drei philosophische Probleme

(1) Ich möchte hier nochmals kurz auf Deine These, die Frage nach der Technik *ist* Technik"bewertung", eingehen. Die Frage nach der Technik ist eine Frage nach dem Wesen der Technik und folglich eine Frage nach ihrem Sein. Die Frage nach der Bewertung ist eine Frage nach dem Sollen (wie soll Technik sein?). Werden damit in Deiner These nicht Sein und Sollen verbunden und begeht Deine These damit nicht einen naturalistischen Fehlschluss? Ich selbst hätte damit kein Problem, da ich ohnehin seit einiger Zeit vermute, dass man Sein und Sollen nicht so scharf trennen kann, wie es die Vermeidung des naturalistischen Fehlschlusses erfordert. In welchem Verhältnis aber Sein und Sollen stehen und wie dieses ggf. zu begründen ist, ist ein philosophisches Problem, das uns sicherlich noch beschäftigen wird. Unsere Ouvertüre-Frage nach dem Verhältnis von deskriptiver Technikfolgenabschätzung und präskriptiver Technikfolgenbewertung ist nur ein Ableger dieses Problems.

(2) Bei all unserem Denken und Tun müssen wir uns auf das Absolute beziehen und nach unserer Beziehung zum Absoluten fragen, um uns nicht in Widersprüche zu verwickeln. Dies, so denke ich, müsste so etwa Deine These sein. Aber es ist eine Illusion zu glauben, dass uns eine Antwort auf die Frage nach unserer Beziehung zum Absoluten in irgendeiner Weise weiterhilft. Denn dies wäre allzu technisch. Auch dies entnehme ich Deinen Zeilen. Hieraus folgt: Wir müssen nach unserer Beziehung zum Absoluten fragen, aber wir dürfen von einer Antwort nichts erhoffen. Ist das nicht trostlos?

5 Dritter Satz - Part I

Ebenso trostlos erscheint mir die Metapher der Eule der Minerva. Das Begreifen folgt dem zu Begreifenden und geht ihm nicht voraus. Dahinter steckt sicherlich ein wahrer Kern. Aber mir wird die Metapher der Eule der Minerva leider zu oft verwendet, um die Philosophie zu entschuldigen und um sie aus der Verantwortung zu ziehen. Selbstverständlich ist es *nicht* die Aufgabe der Philosophie in einem Glas in die dunkle Zukunft zu schauen. Auf meiner Fensterbank steht die Eule der Minerva als kleine Bronzestatue. Sie lehrt mich, dass eine rückgewandte Reflexion sehr wohl Licht in die Zukunft werfen kann. Dies lehrt mich bereits mein Auto, dessen Licht von dem *hinter* der Lichtquelle befindlichen Reflektor nach *vorne* auf die Straße geworfen wird. Im gleichen Sinne wirft philosophische Reflexion, obgleich ihre Quelle in der Dämmerung liegt, immer auch Licht auf den kommenden Tag. Philosophische Reflexion verändert den Menschen und folglich sein zukünftiges Handeln und Denken.

(3) Worauf gründet Moral? Dies war Deine abschließende Frage. Ich habe versucht eine kurze Antwort zu geben und möchte nun diese Frage an Dich zurückgeben, in der Hoffnung, auch von Dir eine Antwort zu erhalten. Denn die Frage ist für unser technikphilosophisches Unternehmen von großer Tragweite. Technik ist nämlich immer auch eine Form von Handeln und folglich auch Gegenstand der Ethik. Daher ist die Frage, worauf die Moral gründet, für technisches Handeln essentiell. Also Rainer: „Worauf gründet Moral?"

Nun bin ich ans Ende meiner Ausführung gelangt, die wieder einmal länger geworden ist als die vorangegangene. Ich bin mal gespannt, wohin das noch führt. Fußnoten habe ich mir dieses Mal erspart, wohlwissend, dass dadurch der Schein der Wissenschaftlichkeit verloren geht. Ich hoffe aber, dass meine Ausführung dennoch genügend Sein hat, um Dein Interesse und Deine philosophische Kritik zu wecken. Ich freue mich auf unsere philosophischen Kontroversen sowie auf unsere philosophischen Harmonien, die sich so nach und nach auch herauskristallisieren.

II Technik und Philosophie im Dialog

Ich wünsche Dir Alles Gute und einen guten Wechsel in ein hoffentlich friedvolles Jahr 2008.

Dein Jürgen

6 Dritter Satz - Part II

> Jede Frage nach der Technik ist deren „Bewertung",
> und zwar zunächst in einem begrifflichen, dann aber
> auch immer in einem moralischen Sinne.

Lieber Jürgen,

da nun schon ein paar Tage ins Land gegangen sind, seit Du mir den ersten Anlauf zum Dritten Satz geschickt hast, will ich nun doch endlich versuchen zu antworten. Im Unterschied zu meiner bisherigen Übung werde ich Deinem Text nicht Zeile für Zeile folgen, sondern versuchen, die m.E. zentralen Momente herauszuheben und darauf einzugehen. Auf diese Weise entgehen wir vielleicht auch der Tendenz, unsere Korrespondenz immer länger werden zu lassen.

Mir scheint, es geht um die folgenden drei Punkte:

1. Die Frage nach dem Begriff der Wahrheit und seinem Bezug zu Richtigkeit.
2. Meine These, die Frage nach der Technik sei bereits deren „Bewertung".
3. Das Problem der Moral und die Funktion der Philosophie.

Zu 1:
Deine Rekonstruktion dessen, was mir so durch den Kopf geht, kommt dem ziemlich nahe. Dennoch sehe ich ein paar wichtige Differenzen, die ich darzustellen versuche. Zunächst und vorweg will ich mich aber gegen die Zuschreibung einer philosophischen „Position" wehren. Das klingt nach einer ein- für allemal – aus welchen Gründen auch immer – getroffenen Entscheidung, sich auf eben jene zu stellen. Von nichts bin ich weiter weg als von sowas. Vielmehr gehen mir bestimmte Fragen durch den Kopf, auf die ich bei bestimmten Philosophen Antworten suche. Leuchten sie mir ein, so halte ich an ihnen solange fest, bis sie mir nicht mehr tragfähig erscheinen bzw. von „besseren" ersetzt werden. Auf diesem Hintergrund, um es konkret zu machen, halte ich nach wie vor Hegel *und* Heidegger für die wichtigsten Denker überhaupt. Sollte ich eines Tages einsehen, mich da geirrt zu haben, muss ich

halt mein Denken ändern. Und das werde ich dann auch tun. Soviel zur philosophischen „Position". Mir ist natürlich klar, dass Du mir eine solche nicht in dieser beinharten Weise unterstellst; dennoch ist mir die Klarstellung wichtig, denn sie verweist auf den zentralen Inhalt unseres Korrespondenz-Unternehmens: nämlich Frage für Frage und Gedanke für Gedanke all das „abzuklappern", was uns wichtig und des Nachdenkens wert erscheint, statt sich „Positionen" um die Ohren zu hauen.

Nun aber zur Sache. Mir scheint nicht nur, wir dürften, sondern wir *müssen* nachgerade immer wieder nach der Wahrheit fragen. Und wir tun es auch permanent, und zwar selbst dort, wo wir das Gegenteil behaupten. Denn auch die Behauptung, man dürfe oder könne nicht danach fragen, enthält schon vorweg eine (diesem Denken selbst heimliche) Antwort auf die Frage. Wie sonst sollte man solches wissen können?

Der entscheidende Punkt ist demnach *nicht, ob, sondern wie* wir nach ihr fragen. Da taucht natürlich das berühmte Problem auf, sie gegenständlich zu denken. Dazu habe ich mich schon geäußert. Ich will hier nur einen Gedanken noch ergänzen: Um zu zeigen, dass das Absolute nicht dinghaft gedacht werden und somit sein kann, genügt die Reflexion auf den Begriff des Absoluten. Wo bliebe die Absolutheit, wenn diesem vorgeblichen absoluten Ding irgendetwas anderes, das somit außerhalb der Wahrheit wäre (etwa der fragende Mensch), gegenüberstünde? Wir hätten es immer mit einer Bezogenheit, also etwas Relativem zu tun und damit das Ziel unserer Frage verfehlt. Oder wir stießen in der Erkenntnis der Relation auf eine Wahrheit der Wahrheit, welche dann aber doch wieder das Ganze umfaßte. Also: Entweder ist das Absolute absolut oder es ist es eben nicht, aber dann befinden wir uns in der Sphäre der Beziehungen, der Relationen und damit wo ganz anders. Da läßt sich nicht einmal hypothetisch anders fragen.

Benutzt man nun den Begriff der Wahrheit, so sind diverse Verwirrungen unvermeidlich. Denn zum einen hat die philosophische Auseinandersetzung um den

Begriff schon seine zweieinhalbtausend Jahre auf dem Buckel, zum anderen laufen darüber hinaus vielfache Alltagsmeinungen auch noch quer. Wenn wir somit das Wort Wahrheit überhaupt in den Mund nehmen, müssen wir uns – wenigstens aus dem Zusammenhang verständlich – dazu äußern, auf welcher Ebene wir uns bewegen. Die Spannweite reicht dabei vom – wie Hegel es nennt – Urteil des Daseins („Rainer ist 175cm groß.") über alle möglichen wesenslogischen Aussagen (Allgemeinheit – Besonderheit, Grund – Folge, Wesen – Erscheinung usw.; allgemeine Form: „Eines ist ein Anderes") bis zu den im eigentlichen Sinne moralischen „Wahrheiten".[1] Deren Gegenbegriff ist die Lüge, während der der Aussage- oder Erkenntniswahrheiten die Unwahrheit ist. Beides ist sauber auseinanderzuhalten. Dazu kommt, dass alle Urteilswahrheiten, wie Kollege Hegel darlegt, stets und unhintergehbar zwei Ebenen aufweisen: Die ihrer „Wahrheit" des Zutreffens, des „Der-Fall-seins", also ihrer Richtigkeit („Ist" Fritz ein Hund oder eben mein menschlicher Nachbar?) und die des Ganzen des Satzes, d.h. der in ihm gesetzten bestimmten „spekulativen" Wahrheit (Unterschied von „gewöhnlichem" und „spekulativem" Satz). Schließlich konstituiert jedes Urteil, was über die Ebene des Daseinsurteils hinaus ist, jene *merk-würdige* Dialektik von Subjekt und Prädikat, von denen im *selben* Atemzuge und ununterscheidbar gesagt wird, sie seien Verschiedenes *und* Selbes. Das Ganze der Aussage"wahrheit" spricht die „Wahrheit" über diese aus, *ohne* dass die eine oder die andere „Wahrheit" dadurch unwahr oder falsch würde. Wir haben es mit dem seltsamen Vorgang zu tun, dass die Wahrheit über die Wahrheit diese nicht zur Unwahrheit macht, sondern eben in sich selbst „aufhebt" (in dem berühmten Hegelschen Sinne).

---

[1] Fatalerweise enthält die berühmte Kopula alle diese Möglichkeiten, ohne deren Unterschiede unmittelbar an sich selbst zu zeigen. Andererseits haben wir es, wenn von Wahrheit die Rede ist, *immer* mit dem „ist" zu tun (Sätze ohne Kopula sind nicht wahrheitsfähig und bleiben damit in dieser Hinsicht außer Betracht, auch wenn sie in anderer philosophisch von Interesse sein können). Von Wahrheit sprechen bedeutet somit unweigerlich auch und immer: vom „Sein" sprechen. Hier weist der Denkweg von Hegel zu Heidegger.

II Technik und Philosophie im Dialog

Es handelt sich, von Hegel her gesehen, um den Unterschied von Verstand und Vernunft,[2] ein Unterschied, den zu bedenken die Philosophie des 20.Jahrhunderts komplett abserviert hat, was wiederum auf deren – gleichermaßen merk-würdigen! – Wahrheitsbegriff zurückgeht, in dem nach dem Vorbild der Naturwissenschaft Vernunft auf Verstand reduziert wird, so dass es nicht verwundert, wenn solcher Philosophie Dialektik nur noch als Taschenspielertrick erscheint oder als – wie sie es abwertend nennt - „Metaphysik".

Zu 2:
Ich bleibe dabei: Jede Frage nach der Technik ist deren „Bewertung", und zwar zunächst in einem begrifflichen, dann aber auch immer in einem moralischen Sinne. Grund: Jede Frage nach „der" Technik impliziert immer schon eine - vorweg meist unbewußt gegebene (*einzige* Ausnahme: Heidegger in seinem Technik-Vortrag, der genau dieses Problem ins Bewusstsein zu heben versucht) - Antwort auf die Frage, was Technik *sei*. Auch für „X ist eine menschliche Handlung" bleibe ich bei meiner These. Denn die *Möglichkeit*, diesen Satz überhaupt denken zu können, *setzt* folgende *Antworten* auf folgende Fragen *voraus*: (a) Was *ist* X? (b) Was *ist* „menschlich"? (c) Was *ist* eine Handlung? All das muß ich immer schon „wissen" (als gewußt voraussetzen), um zu jenem Satz kommen zu können. Und *da* liegen die philosophischen Probleme, d.h in dem Bereich, den das „ist", das „Sein", absteckt, nicht in der angeblichen Neutralität der Aussage. Sieht man dies, dann ist es auch mit der Neutralität dahin, und zwar letztlich auch mit der moralischen, denn jedes „Sein" impliziert immer auch ein bestimmtes Seins*verständnis* und *damit* eine Bewertung (vgl. Heideggers Begriffe des *Daseins* und der *Ek-sistenz*).[3] Das hat aber mit der „naturalistic fallacy" nichts zu tun.

---

[2] Ich bitte, es mir nicht übel zu nehmen, wenn ich auch hier wieder auf meine diversen Opera zu verweise: *Plädoyer für eine Erneuerung der Geschichtsphilosophie*, Münster (Westfälisches Dampfboot) 1997, S.44 ff, 49 ff, sowie die schon genannten *Konfrontationen*, Kap.1.

[3] Um ein banales, doch keineswegs unaktuelles, Beispiel zu wählen: Fasse ich das „Sein" des Menschen als *animal rationale* auf bzw. als gleichgestellt jedweder *Froschheit* (nach dem Vorbild des berühmten Konrad Lorenz, heute offenbar nachgeahmt von bestimmten Hirnforschern), dann impliziert dies auch ganz verschiedene ethisch-moralische Perspektiven auf jenes seltsame Wesen.

6 Dritter Satz - Part II

Zu 3:

Verstehe ich nun Bewertung als moralisch-ethische Bewertung, dann taucht entweder diese Frage der heimlichen Vorweg-Bewertung wieder auf (s. die so genannte Neutralität der Technik) oder sie wird zur Frage nach außertechnischen Maßstäben zur Bewertung. Mit dieser letzteren aber wird erstens die Technik in ihrer Neutralität eingesegnet (denn die Bewertung geschieht ihr ja von außen), zweitens eine nichttechnische Instanz, und das ist dann eben die Philosophie, angerufen, ihr doch bitteschön die Maßstäbe zu liefern. Genau das aber kann die Philosophie nicht. Wilfrid Sellars in allen Ehren, aber wie geht das: das selbst korrigierende Unternehmen? Welche Maßstäbe liefert dieses „Selbst" bzw. an welchen anderen Maßstäben korrigiert es sich? An der Effizienz? Dann war Auschwitz ein toller Erfolg. An der Akzeptanz der meisten? Dann gilt das gleiche.[4] An der Akzeptanz moralischer Instanzen? Sollen wir Bischof Huber fragen? Oder die „Tradition"? Oder „den Markt", von dem man durchaus wissen könnte, dass es heutzutage ein bestimmter, ein kapitalistischer nämlich, ist. Oder wen oder was?

Du wirst jetzt natürlich auf die „Vernunft" verweisen. Aber welche Maßstäbe außer den genannten stellt sie uns denn bereit? Sie beruht im Zeitalter des Nihilismus nun einmal auf N/nichts, zumal unter „Vernunft" ausschließlich das verstanden wird, was bei Hegel „Verstand" (im *Unterschied* zu „Vernunft", „Begriff" und „Idee") heißt.[5] Wie wäre es, wenn wir uns das endlich einmal klarmachen würden?! Und diese Vernunft, vulgo: Verstand, liefert uns *niemals* widerspruchsfreie Resultate! Weil sie der Widerspruch in und an sich selbst *ist*! Weil und insofern wir als Menschen nicht anders denken und handeln können als in den im (verständigen) Urteilssatz gefaßten und unhintergehbar gegenwärtigen Widersprüchen, sind wir selbst die unhinter-

---

[4] Vgl. weniger polemisch: Max Horkheimer, *Zur Kritik der instrumentellen Vernunft*, Frankfurt/M. (Fischer) 2007, S.46 f

[5] „Denn jedes Sein, das der Verstand produziert, ist ein Bestimmtes, und das Bestimmte hat ein Unbestimmtes vor sich und hinter sich, und die Mannigfaltigkeit des Seins liegt zwischen zwei Nächten, haltungslos; sie ruht auf dem Nichts, denn das Unbestimmte ist das Nichts *für den Verstand* und endet im Nichts." (G.W.F. Hegel, *Differenz des Fichteschen und Schellingschen Systems der Philosophie*, in: ders., *Jenaer Schriften 1901-1807* (= TWA 2), Frankfurt/M. (Suhrkamp) 1970, S.26 - Hervorh. R.R.)

gehbare Inkarnation des (verständigen) Widerspruchs. Eine absolute Freiheit, eine Freiheit vom Widerspruch ist der Tod (entweder der Anderen, die ihn angeblich ausmachen, oder eben meiner selbst, wenn ich ihm entgegen will).[6]

Das mag man trostlos nennen. Aber die Philosophie ist nicht zum Trösten da, sondern zum Aufklären. Und das aufklärerische Resultat lautet: Die Philosophie gibt keinen Trost; das kann – wenn überhaupt - vielleicht der Glaube. Und so unangenehm die Sache mit der Dämmerung und der Eule der Minerva sein mag, - sie ist wahr. Zwar wirft unser mehr oder weniger philosophisch geschultes Denken sein Licht auf den kommenden Tag, aber es kann ihn halt nicht erkennen, weil er eben erst noch kommen muß und niemand wissen kann, wie er aussehen wird (es sei denn man versteht Geschichte deterministisch, dann braucht's aber auch keine Philosophie, denn dann nützt selbst der hellste Blick auf morgen nichts, denn dann kommt's eben wie's kommen muß – mit oder ohne Blick).

Was aber „nützt" dann Philosophie? Im Sinne eines angebbaren Nutzens und ihrer Indienststellung für ihn: gar nichts. Und genau diese Nutzlosigkeit sollte sie auch sehr bewusst wollen. Philosophie existiert, weil wir als denkende Menschen zu ihr *ver-urteilt* sind, weil wir nicht anders können, als immer wieder die Frage nach unserem „Sein" zu stellen.[7] Und warum das? Weil wir als Denkende die Inkarnation des Widerspruches *sind*. Über den Nutzen der Antwort(en) ist dabei jedoch nichts auszumachen. Vielleicht ist auch das der Hintergrund für Platons Bemerkung, Philosophie sei nichts für die Vielen. Denn diese wollen bei jeder Anstrengung ihren Nutzen sehen. Die Nutzlosigkeit der Philosophie ist für sie somit ein Ärgernis (daher auch der gängige Spott). Daraus kann aber nicht folgen, die Philosophie vor deren

---

[6] Deswegen kann sich der Verstand je nach Bedarf auf die eine oder die andere Seite des Widerspruchs versteifen und sie für die Wahrheit behaupten. „Der Verstand ist ein Hofmann, der sich nach den Launen seines Herrn gefällig richtet, - er weiß zu jeder Leidenschaft, zu jeder Unternehmung Rechtfertigungsgründe aufzutreiben ..." (G.W.F. Hegel, *Aufklärung - Wirkenwollen durch Verstand*, in: ders., *Frühe Schriften* (= TWA 1), Frankfurt/M. (Suhrkamp) 1971, S. 21)

[7] „Die philosophische Idee besitzt ... den Menschen." (Hegel, *Vorlesungen über die Geschichte der Philosophie II*, Frankfurt/M. (Suhrkamp) 1971 (= TWA 19), S. 21)

Maßstab zu rechtfertigen. Daraus folgt nur, dass Philosophie eine esoterische Angelegenheit ist und bleibt, und nicht zum Volkssport taugt.

So, diesmal habe ich's so kurz wie irgend möglich gemacht. Sollte es an der einen oder anderen Stelle allzu kurz geraten sein, können wir ja weiter darüber reden. Ich lasse es erst einmal dabei bewenden und schicke Dir die allerbesten Grüße aus Frankreich, bis bald,

Rainer

7 Vierter Satz

> Technikfolgenabschätzung und Technikbewertung sind untrennbar verknüpft, man kann beide Vorgänge nicht separieren.

Lieber Rainer,

wenn ich mich in der Zählweise unserer philosophischen Korrespondenzen nicht irre, so müsste dies nun der Vierte Satz sein. Mit ihm möchte ich erstens auf Deinen letzten Satz antworten, und zwar begrenzt auf ausgewählte Aspekte, zweitens die These begründen, dass Philosophie (im gewissen Sinne) nützlich ist und drittens einige noch unzusammenhängende Gedanken hinsichtlich der Konsequenzen dieser These für die Technik formulieren.

1 Zu Deinem letzten Satz

Ich freue mich, dass Du unsere Korrespondenz nicht als ein gegenseitiges Konfrontieren von Positionen betrachtest. Dem stimme ich voll und ganz zu. Unsere Korrespondenz ist Philosophieren. Sie ist demzufolge unsere gemeinsame kritische Auseinandersetzung mit den Fragestellungen und Problemen, die wir uns zu Beginn unserer Korrespondenz im vergangenen Jahr selbst vorgaben. Philosophieren in diesem Sinne ist Arbeiten. Gegenseitig irgendwelche Positionen zuzuwerfen ist dagegen Spielen und zwar ein langweiliges obendrein. In den Ingenieur- und Naturwissenschaften gibt es Labore, in der Philosophie gibt es philosophische Seminare. Beide haben eines gemeinsam. In ihnen wird gearbeitet oder etwas erarbeitet (lat.: laborare). In Laboren und in Seminaren steht also die Arbeit (lat.: labor) im Vordergrund, nicht das Spiel.[1]

Wir haben in unseren bisherigen Korrespondenzen bereits kurz über den Begriff der Kritik reflektiert. Ich habe dabei den Eindruck erhalten, dass wir hinsichtlich der Bedeutung, die wir diesem Begriff zuweisen, im Einklang sind. Eine kritische, phi-

---
[1] Ich halte daher auch die Bezeichnung meines Labors als „Labor für Philosophie und Technik" für sehr treffend.

II Technik und Philosophie im Dialog

losophische Untersuchung ist demnach eine systematische, detaillierte, offenlegende und argumentative Untersuchung. Kritik in diesem philosophischen Sinne ist also primär nicht Kritik *an etwas* oder *gegenüber etwas*. Auch unsere Korrespondenz verstehe ich als eine solche konstruktive Kritik. Das Schöne an einer solchen kritischen Zusammenarbeit ist, dass sie auch Lob und Zustimmung zulässt, während das bloß kritikübende Konfrontieren mit Positionen dies in aller Regel nicht erlaubt.

Wenn wir schon bei den Zustimmungen sind, dann möchte ich gleich noch zwei weitere ergänzen, wenn auch nicht ganz ohne Fragezeichen.

(1) Philosophie ist Reflexion. Sie hat nicht die Aufgabe Maßstäbe zu setzen. Dies kann und soll sie auch nicht. Dies gilt auch für alle ihre vielfältigen Teildisziplinen und somit auch für die Ethik. Die Ethik *setzt* keine moralischen Maßstäbe, sie *untersucht* moralische Maßstäbe, wer auch immer sie gesetzt haben mag. Die Ethik untersucht die Moral, aber sie schafft sie nicht. So kann sie beispielsweise Probleme und Widersprüche aufdecken, die gesetzten moralischen Maßstäben inhärent sind. In diesem Sinne ist die Ethik sogar nützlich, obgleich sie nicht am Nutzen orientiert ist. Doch mehr dazu unten.

Du fragst, wie das geht, dass die Philosophie, wie Sellars behauptet, ein selbst korrigierendes Unternehmen ist und nach welchen Maßstäben sie sich korrigiert? Zunächst einmal verstehe ich unter dem Begriff des philosophischen Unternehmens das kritische, philosophische Arbeiten, also genau das, was Du und ich mit Begeisterung tun. Dabei können wir selbstverständlich irren. So schreibst Du auf der ersten Seite: „Sollte ich eines Tages einsehen, mich da geirrt zu haben, muss ich halt mein Denken ändern." Doch nach welchen Maßstäben stellst Du fest, dass Du Dich geirrt hast? Nach welchen Maßstäben änderst Du Dein Denken bzw. korrigierst es? Ich unterstelle, dass Du dazu in der Lage bist, denn ansonsten hättest Du diesen Satz nicht geschrieben. Folglich ist Dein philosophisches Arbeiten und Denken gleichfalls ein selbstkorrigierendes Unternehmen im Sinne Sellars'. Du korrigierst Dein Denken selbst, sobald Du erkannt hast, dass Du Dich geirrt hast. Dies behauptest Du zumindest in dem oben zitierten Satz. Welche Maßstäbe Du dabei verwendest, um

7 Vierter Satz

festzustellen, dass Du Dich geirrt hast, weiß ich nicht. Aber ganz ohne Maßstäbe geht es nicht. Ein schlagkräftiger Maßstab ist sicherlich die Logik. Wenn Du Dich beim Denken in Widersprüche verwickelst, dann muss was faul sein (es sei denn, man hält die gesamte propositionale Logik für einen Irrtum). Der Mensch irrt und korrigiert sich, bei allen seinen Unternehmungen (Denken, Handeln), sein ganzes Leben lang. Und zwar auch beim Philosophieren. Genau in diesem Sinne ist die Philosophie ein selbstkorrigierendes Unternehmen. Ich hoffe damit die Ehre Sellars' wieder hergestellt zu haben.

(2) Du sagst mit Rekurs auf Hegel, dass Verstand und Vernunft zu differenzieren sind. Dem stimme ich bedingungslos zu und versuche meinen Studierenden die Differenz deutlich zu machen. Ob wir (Du und ich) die gleichen Differenzierungskriterien haben, wäre noch zu prüfen. Meine lauten etwa wie folgt: Der Verstand sagt, was *ist*. Die Vernunft sagt, was sein *soll*. Dies bedeutet, der Verstand urteilt und wertet nicht. Er sagt was Fakt ist, aber nicht, was dieser Fakt für den Menschen bedeutet, ob er gut oder schlecht ist. Er ist sogar in der Lage nach logischen Regeln stringente Argumente zu bilden und einen Schluss aus Prämissen zu deduzieren, aber eben nur formal, aber nicht inhaltlich. Was der Schluss bedeutet, vermag er nicht zu sagen.

Soweit zu den Zustimmungen. Ein Problem habe ich jedoch, wie Du vielleicht schon vermutest, mit Deiner These „Jede Frage nach der Technik ist deren „Bewertung". Das Problem solcher kurzen schlagkräftigen Aussagen ist, dass sie ohne Kommentar missverstanden werden können. Ich werde im Folgenden daher versuchen, Deine These zu analysieren, um sie vielleicht auf diesem Wege ein stückweit zu verstehen. Um Schreibarbeit zu sparen, lasse ich die Anführungszeichen beim Begriff der Bewertung weg (weshalb hast Du sie gesetzt?). In diesem Fall ist Deine These grammatisch identisch mit den folgenden Thesen:

> Jede Frage nach der Tapferkeit ist ihre Bewertung. Jede Frage nach der Gerechtigkeit ist ihre Bewertung. Jede Frage nach dem Menschsein ist seine Bewer-

tung. Jede Frage nach der Freiheit ist ihre Bewertung. Jede Frage nach dem Baum ist seine Bewertung. Jede Frage nach Etwas ist seine Bewertung.

Geben diese Aussagen einen Sinn? Was meinst Du?

Bedeutet Deine These also, dass die Frage nach Etwas immer zugleich die Bewertung dieses Etwas einschließt, dass also mit der Beantwortung dieser Frage zugleich die Bewertung erfolgt ist? Gilt Deine These für die Technik im Besonderen oder gilt sie für „Etwas" im Allgemeinen. Doch bleiben wir bei der Technik. Schließt, analytisch formuliert, der Begriff oder das Wesen der Technik bereits ihre Bewertung ein? Wenn dem so ist, fällt dann nicht der Dualismus zwischen Technik (bzw. Technikfolgen) und Technikbewertung zu einem Monismus zusammen? Denn die Frage nach der Technik beinhaltet ja zugleich ihre Bewertung. Brauchen wir dann aber noch die Frage nach den Werten? Wird durch die Frage nach der Technik eine separate und bloß übergestülpte Bewertung der Technik letztendlich überflüssig? Gilt dies auch für die Gerechtigkeit, die Tapferkeit, die Freiheit, den Baum und für jedes andere „Etwas"?

Man kann aber Deine These auch so interpretieren, dass die Frage nach der Technik und die Frage nach ihrer Bewertung nicht zu trennen sind. Die Frage nach der Technik schließt zwar in dieser Interpretation ihre Bewertung nicht notwendig ein, aber es gibt nicht das Eine, ohne das Andere. Aus analytischer Sicht bedeutet dies (vgl. meine Ouvertüre), dass es kein Denken über Etwas ohne Bewertung gibt. Selbst das theoretisch deskriptive Denken kann nicht vom praktisch präskriptiven Denken getrennt werden. Damit wäre wieder gezeigt, was wir bereits schon immer vermutet haben: Technikfolgenabschätzung und Technikbewertung sind untrennbar verknüpft, man kann beide Vorgänge nicht separieren. In welchem Verhältnis stehen beide? Kann Bewertung vollständig auf die Frage nach der Technik reduziert werden, sodass es letztendlich nur noch um diese eine Frage geht? Oder stehen beide in einem Wechselverhältnis und zwar in dem Sinne, dass sie sich gegenseitig zwar bedingen, aber dennoch nicht aufeinander reduziert werden können? Du siehst, hier

7 Vierter Satz

ist noch Klärungsbedarf. Wir sollten hier am Ball bleiben, da wir hier unmittelbar unser Ausgangsproblem des Verhältnisses von Technikfolgenabschätzung und Technikbewertung vor Augen haben (siehe unsere beiden Ouvertüren).

Im folgenden Abschnitt möchte ich nun auf ein Problem eingehen, bei dem ich bislang keinerlei zustimmungsfähige Anteile in Deinen Ausführungen entdecken konnte. Es geht um Deine These von der Nutzlosigkeit der Philosophie. Ich möchte im Folgenden stattdessen die These zu begründen versuchen, dass die Philosophie sehr wohl nützlich ist. Mehr noch: Ich möchte zeigen, dass sie nützlicher ist als alles Andere.

2 Vom (wahren) Nutzen der Philosophie

Zunächst einmal stimme ich Dir ohne Wenn und Aber zu, dass die Philosophie nicht am Nutzen orientiert ist. Sie steht also in keinem Fall im Dienste irgendeines Nutzens. Aber:

> Aus der Prämisse, dass die Philosophie nicht am Nutzen orientiert ist, kann nicht der Schluss deduziert werden, dass sie nichts nützt!

Ob die Philosophie in diesem genannten Sinne einen Nutzen hat oder nicht, ist dabei nicht so sehr eine Frage nach der Philosophie selbst, sondern eine Frage nach der Bedeutung, die wir dem Begriff des Nutzens beimessen. Wohlwissend, dass man mit Belegen und Beispielen nichts begründen oder beweisen kann, möchte ich dennoch einige Beispiele zum Nutzen der Philosophie im dem oben genannten Sinne aufführen.

(1) Wer sein Leben uneigennützig der Liebe zur Weisheit, also der Philosophie widmet und infolgedessen in einem ganz bescheidenen Maße lernt, Wesentliches vom Unwesentlichen zu differenzieren, Bedingtes vom Unbedingten, Relatives vom Absoluten, vergängliches kurzweiliges Glück vom „wahrem" Glück und so fort, für

II Technik und Philosophie im Dialog

den bringt seine Liebe zur Weisheit einen außerordentlich großen Nutzen und zwar ohne, dass er diesen Nutzen vorgängig beabsichtigt.

(2) Uneigennütziges Philosophieren bereichert zweifelsfrei das Leben, zwar nicht im quantitativen Sinne, aber sehr wohl im qualitativen. Ich selbst widme nun seit nahezu zwanzig Jahren einen großen Teil meiner kostbaren Lebenszeit der Philosophie und zwar ohne dabei irgendeinen Nutzen zu verfolgen. Doch siehe da, die Philosophie hat mein Leben verändert. Ich sehe die „Dinge" mit anderen, klareren Augen. Ich denke anders. Und vieles mehr. In einem gewissen Sinne bin ich reicher als zuvor. Nicht zu vergessen die Freude, die mir die Philosophie nahezu tagtäglich bereitet. Wenn das kein Nutzen ist, was dann?

(3) Philosophie ist Selbstkritik und Selbstaufklärung. Gibt es einen höheren Nutzen für den Menschen als Selbstkritik und Selbstaufklärung?

(4) Denken wir an Sokrates. Er schlenderte über den Markt und sagte: Es ist doch immer wieder schön zu sehen, wie viele Dinge es gibt, nach denen ich nicht begehre. Er war beneidenswert frei von diesen Begehrlichkeiten. Sein Liebe zum Wesentlichen, das er uneigennützig philosophisch zu ergründen suchte, brachte ihm quasi als Beiwerk diese beneidenswerte Freiheit. Wenn das kein Nutzen ist, was dann?

(5) Wenn ich mit meinen Studierenden philosophisch über Technik reflektiere, eröffne ich ihnen eine neue Perspektive Technik zu „sehen". Sie sind weitsichtiger geworden. Ihre philosophischen Anstrengungen haben sich zweifelsfrei ge*lohnt*.

Man kann diese Liste an Beispielen mühelos fortsetzen. Aber versuchen wir doch mal ein erstes Resümee zu ziehen. Aus den Beispielen wird deutlich, dass Nutzen nicht gleich Nutzen ist. Wer heute von Nutzen, Nutzenoptimierung oder Nutzenmaximierung spricht, denkt in aller Regel in der Kategorie des materiellen Nutzens. Nutzen in diesem Sinne ist in irgendeiner Weise quantitativ erfassbar (z.B. Effizienz, Geld oder ähnliches). Wenn man diesen Nutzen anstrebt, dann ist die Philosophie

7 Vierter Satz

(Gott sei Dank) in der Tat nutzlos; abgesehen davon, ob dieser sogenannte Nutzen dem Menschen überhaupt nutzt. Denn so mancher kurzfristige (scheinbare) Nutzen hat sich auf längere Sicht als Übel oder Schaden erwiesen. Der Mensch hat nämlich im Laufe seiner Geschichte nicht gelernt, den wahren vom falschen Nutzen zu scheiden. Er wird es wohl auch nicht lernen. Das Industrie- und Informationszeitalter macht es ihm besonders schwierig. Der Mensch ist gegenüber dem wahren Nutzen blind geworden und orientiert sein Leben an fragwürdigen, kurzlebigen „Nützlichkeiten", am Schein und nicht am Sein. Dagegen ist der Nutzen, den das mühevolle, arbeitsintensive und uneigennützige Philosophieren mit sich führt, ein Gewinn an Sein und nicht ein Mehr an Schein.

Ist das nicht faszinierend, dass die in keiner Weise am Nutzen orientierte Philosophie von einem so großen Nutzen sein kann? Ich möchte sogar wagen, die folgende These aufzustellen:

> Ohne selbst am Nutzen orientiert zu sein, ist die Philosophie nützlicher als jede andere Wissenschaft und (vielleicht) sogar nützlicher als alles Andere.

Ich möchte nicht so weit gehen und den Spieß umdrehen, indem ich behaupte, dass allein die Philosophie dem Menschen nützlich ist und alle anderen Wissenschaften von einer inhärenten Nutzlosigkeit geprägt sind. Dies wäre falsch. Denn bereits Aristoteles hat erkannt, dass ein an der Philosophie und der Tugend orientiertes Leben nur dann wahrhaft glücklich machen kann, wenn zumindest die materiellen menschlichen Grundbedürfnisse befriedigt sind.

Zum Abschluss dieses zweiten Abschnitts möchte ich noch drei Anmerkungen anführen:

(1) Du schreibst mit Bezug auf Platon: „Philosophie sei nichts für die Vielen. Denn diese wollen bei jeder Anstrengung ihren Nutzen sehen." Dem ersten Satz stimme ich zu. Spinoza formulierte diesen Satz übrigens positiv. Er behauptete sinngemäß: Philosophie ist nur für die Wenigen. Dem zweiten Satz stimme ich nur bedingt zu.

II Technik und Philosophie im Dialog

Denn die Vielen ignorieren die Philosophie nicht deswegen, weil sie *keinen* Nutzen bringt. Dies ist falsch. Denn der Nutzen der Philosophie ist, wie wir soeben erkannt haben, sogar größer und wahrer als jeder andere Nutzen. Die Vielen wenden sich vielmehr deswegen nicht an die Philosophie, weil es erstens leichter ist, den scheinbaren und kurzlebigen Nutzen zu erreichen und weil sie zweitens nicht erkennen, dass ihnen die Philosophie mehr nützt, als der fragwürdige Nutzen, dem sie beständig nacheilen. Die Vielen erkennen ihren Nutzen am Unwesentlichen, am Ruhm und Reichtum oder an den vielen materiellen Dingen, die sie häufig nur deshalb begehren, weil sie der Andere nicht hat. Es ist viel einfacher dem scheinbaren Nutzen nachzueilen, als dem Reichtum, den die Philosophie beschert. Doch der Weg der Philosophie ist ein sehr schwerer Weg, nämlich ein Weg der intensiven, geistigen Arbeit (labor).

(2) Nebenbei (und nicht ganz so ernsthaft) bemerkt: Die Philosophie kann auch hinsichtlich materieller Güter von „Nutzen" sein. Ich denke jetzt nicht primär an die Gehälter der Philosophieprofessoren, die damit ihre Familien ernähren und ihr Dach über dem Kopf finanzieren. Ich denke an den Computer und möchte behaupten, dass wir dieses Produkt und damit seine vielfältigen *Nutzungs*möglichkeiten der Philosophie zu verdanken haben. Computer basieren auf logischen Schaltungen. Woher kommt aber die Logik? Sie kommt aus der Philosophie und aus ihrer uneigennützigen Neugier, ein klein wenig Weisheit über das formale Denken zu erhalten. Aus der Perspektive der Computerindustrie war dagegen diese nicht am Nutzen orientierte Weisheitsliebe außerordentlich nutzbringend. Philosophieprofessorengehälter (ist das nicht ein schönes Unwort) und Computer sind sozusagen die Teflonpfannen der Philosophie. Gibt es noch mehr Beispiele? Auch wenn hier etwas „Wahres" ausgesprochen wurde, so sollten wir uns dennoch zukünftig nicht weiter diesen philosophischen Teflonpfannen widmen, sondern uns in gewohnter Manier der Philosophie als Philosophie zuwenden.

(3) Ich freue mich übrigens, dass wir in der Frage nach dem Nutzen der Philosophie einen so spannenden philosophischen Streitpunkt gefunden haben. Doch wie ist

7 Vierter Satz

dieser Streit entstanden? Betrachte ich Deine Argumente zur Nutzlosigkeit der Philosophie, so sind sie zweifelsfrei schlüssig. Dasselbe gestehe ich meinen Argumenten für den Nutzen der Philosophie zu. Wo ist also der Widerspruch, der zum „Streit" führte? Die Antwort ist einfach: Viele Probleme entstehen dadurch, dass zwei Argumente zwar inhärent schlüssig und konsistent sind, aber beide sich dennoch widersprechen, weil der in beiden verwendete Schlüsselbegriff, obgleich namentlich gleich, eine unterschiedliche Bedeutung zugewiesen wird. In unserem Fall ist der streitverursachende Schlüsselbegriff der Begriff des Nutzens, nicht der Begriff der Philosophie. Hierin liegt der Grund für unseren schönen Disput. Wir haben in unseren Argumenten dem Begriff des Nutzens unterschiedliche Bedeutungen beigelegt. In der Bedeutung, die ich ihm beilege, ist die Philosophie, trotz ihrer inhärenten Nutzlosigkeit, sehr wohl von Nutzen, auch für unser Kernthema Technik, wie nun zu zeigen ist.

3 Vom (wahren) Nutzen der Philosophie für die Technik

Welchen Nutzen kann die Technik aus der Philosophie ziehen? Man möge beachten: Die Frage lautet nicht: Welchen Nutzen kann die Philosophie der Technik *bringen*? Die Philosophie *bringt* der Technik nämlich gar keinen Nutzen, den sie ist erstens nicht am Nutzenbringen orientiert und zweitens ist sie kein Dienstleistungsunternehmen. Hieraus folgt aber nicht, dass sie für die Technik ohne Nutzen ist. So wie sie jedem Einzelnen nutzt, der philosophiert (und zwar in dem im Abs. 2 explizierten Sinne), so nutzt sie auch der Technik.

So betreibt die Philosophie beispielsweise uneigennützig Technikkritik. Eine solche Kritik ist nun aber für die Technik ganz besonders wichtig bzw. nützlich. Denn Kritik ist bekanntlich förderlich. Techniker und Ingenieure sollten daher über jede Technikkritik erfreut sein und geradewegs nach ihr suchen. So fordert beispielsweise das Institute of Electrical and Electronics Engineers (IEEE), das zu den größten Ingenieurverbänden der Welt gehört, in seinem Ethik-Kodex seine Mitglieder auf, aufrichtig Technikkritik zu suchen, zu akzeptieren und anzubieten (to seek, accept, and offer honest criticism of technical work).

II Technik und Philosophie im Dialog

Es gehört weiterhin zum uneigennützigen „Tagesgeschäft" der Philosophie, Begriffe zu analysieren und zu entfalten. Damit werden Begriffsverwirrungen und Missverständnisse aufgezeigt, die es nicht nur im Alltag, sondern auch in allen Wissenschaften gibt, also auch in den Natur- und Ingenieurwissenschaften. Auf solche Begriffsverwirrungen hingewiesen zu werden, ist äußerst nützlich. Zu den philosophischen Aufgaben gehört aber auch, Probleme aufzuzeigen und Widersprüche aufzudecken. Auch dies nützt der Technik. Ich möchte es Anderen überlassen, diese Nutzenliste fortzusetzen. Auf einen Nutzen möchte ich allerdings noch verweisen.

Unser PHILOTEC-Motto lautet:

> Philosophie ohne Technik ist leer.
> Technik ohne Philosophie ist blind.

Wenn der zweite Satz dieses Mottos überhaupt einen Sinn hat (und das behaupte ich), dann ist die Philosophie von einem ganz enormen Nutzen für die Technik. Denn sie befreit die Technik von ihrer Blindheit! Wenn das kein Nutzen ist, was dann?

Mit den allerbesten Wünschen

Dein Jürgen

8 FÜNFTER SATZ

> Philosophie kann man nur *machen*,
> *nicht* aber *haben*.

Lieber Jürgen,

Deinen Ausführungen in Sachen „*labor*" kann ich nur heftigst zustimmen. Von dem Versuch, sich diskutierend über philosophische Fragen ein bisschen Klarheit zu verschaffen, lebt schließlich unser ganzes Unternehmen. Ich glaube von Wittgenstein stammt die Bemerkung, Philosophie heiße so viel wie: „Ich kenne mich nicht aus." Im übrigen hat derjenige, der meint, eine philosophische „Position" zu „haben" (und sie dann auch noch verteidigen zu müssen) von Philosophie keine Ahnung. Philosophie kann man nur *machen*, *nicht* aber *haben*. In diesem Sinne werde ich es denn weiterhin versuchen.

So stimme ich Dir auch zu in dem Hinweis, Ethik setze keine moralischen Maßstäbe, sondern untersuche sie nur. Dann aber ergeben sich gewaltige Schwierigkeiten bei dem Versuch, Technik (oder was auch immer) auf philosophischer Basis zu bewerten! Wie soll das dann noch möglich sein? Das soll dann, wie Du sagst, die „Vernunft" im Unterschied zum Verstand leisten. Abgesehen davon, dass ich unter diesen Voraussetzungen erhebliche Probleme bei der Zuordnung von Verstand und Vernunft[1] sowie ihrer Begründung in dieser seltsamen Getrenntheit sehe, frage ich mich nach wie vor, wie solches denn eine Vernunft *jenseits* von Ethik bzw. Philosophie leisten soll.

Was die Ehrenrettung von Sellars angeht, habe ich noch ein paar Bauchschmerzen. Natürlich hast Du Recht mir vorzuhalten, dass ich meine eigenen Behauptungen – wie Sellars - an logischen Maßstäben korrigiere. Das bezieht sich aber ausschließlich auf Aussagen (λογοι), nicht auf moralische Positionen. Im übrigen fragt es sich

---

[1] Diese verstehe ich auf meinem Hegelschen Hintergrund natürlich völlig anders. Das kann aber in dem hier verhandelten Zusammenhang durchaus undiskutiert bleiben (vgl. meine Bemerkungen im „Dritten Satz").

II Technik und Philosophie im Dialog

natürlich auch, von welcher Logik man da redet. Das kann nicht ausschließlich die berühmte propositionale sein, denn die lebt vom Ausschluss des Widerspruchs. Doch schon Hegel hat uns darauf hingewiesen, dass es nicht einen einzigen Aussage-Satz gibt, der nicht vom Widerspruch charakterisiert wäre, ja in seiner Aussage-*Fähigkeit* nachgerade vom Widerspruch lebt! Also da hätte ich mit dem Kollegen Sellars schon noch ein Hühnchen zu rupfen …

Nun aber zu den eigentlichen Hauptsachen: Nutzen von Philosophie und Bewertungsbegriff. Machen wir es gleich ganz hart: Der Satz „Dies ist ein Baum" impliziert eine Bewertung in dem Sinne, der mir wichtig ist (deswegen auch die Anführungsstriche, um diese Auffassung vom oberflächlichen Verständnis, man klebe einem – an sich neutralen - Ding halt eine „Bewertung" an, abzuheben). Meine These heißt: Die Behauptung eines „an sich neutralen Dings" *ist* eine Bewertung! Und zwar sogar und immer auch eine moralische! Jener scheinbar harmlose Satz bringt nämlich ein *Geschehen* zum Ausdruck, dessen Veranstalter der aussagende Mensch ist, wodurch der Baum vorweg und klammheimlich zum Gegen-*Stand* erklärt wird. Darin steckt neben der vollkommen unreflektiert stattfindenden *Ver-dinglichung* des Baumes sogar auch noch und immer eine moralische Bewertung. Der Baum ist so nämlich „*nur*" Ding – und eben nicht Naturgeist oder Nymphe oder verwandelte Gottheit usw. usw.[2]

Daher wage ich zu sagen, dass die Begriffe „Technikfolgenabschätzung" und „Technikbewertung" schon vom Begriff der Technik, der ihnen unausgesprochen zugrunde liegt, bestimmt sind. Und man muss beides leisten: Sowohl eine philosophische „Kritik" der in den jeweiligen Begriff der Technik immer schon eingegangenen Bewertungen[3] als auch eine ebensolche Kritik der auf jene scheinbar neutrale Technik angewandten „Werte" (und die verdienen insbesondere im Zeitalter des Kapita-

---

[2] Vgl. dazu Heideggers vielfältige Einlassungen zum Begriff des „Dings" (Kant-Buch, Ding-Vortrag, Frage nach dem Ding u.a.m.).
[3] Vgl. die Differenz zwischen der antiken τεχνη und der modernen Technik!

8 Fünfter Satz

lismus einen höchst „kritischen" Blick – vgl. meine früheren Einlassungen zum „Markt" etc.).

Was nun den Nutzen der Philosophie angeht, so will ich Deinen Hinweis, es komme darauf an, was man unter „Nutzen" versteht, meinerseits unterstreichen. Dem entsprechend wandle ich Deine These „ein wenig" ab:

> Ohne selbst am Nutzen orientiert zu sein, ist die Philosophie nützlicher als *jede* Wissenschaft und sogar nützlicher als alles Andere.

Dahinter steckt die grundsätzliche Unterscheidung von Philosophie und Wissenschaft (vgl. die gesamte Tradition bis einschließlich Heidegger). Denn die Philosophie ist dasjenige Denken, das auch noch die Bedingungen der Möglichkeit von – jeweiliger – Wissenschaft bedenkt. Damit steht sie außerhalb jeder Wissenschaft – und geht folglich zugrunde, wenn sie sich an deren Maßstäben messen lässt (statt den Spieß umzudrehen) und sich *als* Wissenschaft zu rechtfertigen versucht. Du machst diesen Versuch im Punkt 2 des „Vierten Satzes", und an den einzelnen Punkten lässt sich zeigen, dass dies nicht funktionieren kann:
Punkt 1: Wie kannst Du „wissenschaftlich" nachweisen, dass das, was Dein Denken für das Wesentliche usw. hält, es auch „wirklich" ist?
Punkt 2: Wer Philosophie treibt, *um* sein Leben *zu* bereichern, wird daran scheitern – darauf würde ich meinen Kopf verwetten (es sei denn man versteht unter „bereichern" den schnöden Mammon von C4).
Punkt 3: Woher weißt Du, dass und wann „Selbstaufklärung" „erreicht" ist? Und wer wollte diesen „Wert" so uneingeschränkt anerkennen? Wie steht es mit der Konkurrenz von Wohlstand und Seelenruhe (– pfeif auf die Weisheit!)?
Punkt 4: Warum sollte man Sokrates darum beneiden, dass er keine anständigen Klamotten und kein Handy hatte?
Punkt 5 fällt unter Lehrer-Hybris. Da unterschätzt Du die anderen gesellschaftlichen Mächte aber gewaltig.

II Technik und Philosophie im Dialog

Und zum Computer das Totschlagsargument: Wie Du den Computer der Philosophie als Verdienst anrechnest, könnte man ihn ebenso gut begründet dem Krieg anrechnen. Wer weiß, ob Alan Turing jemals mehr als ein kleiner Spinner geworden wäre ohne den Zweiten Weltkrieg?
Kurz und gut: Wie Rotermundt mit Verweis auf Hegel sagt: Der Verstand ist ein „Hofmann" und mit seiner Hilfe lässt sich letztlich alles „begründen". Deshalb würde ich mich auf Rechtfertigungen der Philosophie vor solchem Nutzenverständnis niemals einlassen. Eine derartige Legitimation ist immer schon im Ansatz gescheitert, weil sie sich exakt vor dem rechtfertigt, was der zentrale Gegenstand ihrer Kritik zu sein hat: Das, was „*ist*"![4]

Damit ist auch gesagt, dass das, was die Wissenschaft unserer Tage (oder gar das gesellschaftlich vorherrschende Meinen) unter Nutzen versteht, etwas anderes sein muss, als der Nutzen der Philosophie, von dem hier die Rede ist. Das *Ver-rückte* an Philosophie ist, dass sie dann *und nur dann* nützlich ist, wenn man sie so betreibt, dass man keinen „Nutzen" von ihr erwartet. Dies gilt natürlich, weil wir es mit zwei Arten von „Nutzen" zu tun haben – dem technischen Nutzen, d.h. dem Nutz-*Effekt* und der Tatsache eines durchaus unbeabsichtigten, doch eben eintretenden „Nutzens" im Sinne der Verständlichmachung des eigenen Daseins (wie schon die Alten sagten: γνωτι σεαυτον!). Den letztgenannten „Nutzen" kenne ich auch aus eigener Erfahrung. Aber das ist eben der, mit dem „man" nichts „anfangen" kann, der eben keine Anweisung zum richtigen, besseren, „humaneren" usw. Leben gibt, sondern der ausschließlich dem, der Philosophie betreibt, das Gefühl gibt, ein Zipfelchen mehr von der eigenen Lage begriffen zu haben als vordem. Das war's dann aber auch schon. Daraus folgt für den einzelnen – je nach „Ergebnis" des Nachdenkens - vielleicht irgendeine Konsequenz (Bescheidenheit, Demut, Hochmut, Glücksgefühle, Depression, kurz: wirklich *alles*, was man sich als Gefühlslage auch nur denken kann). Nichts davon aber ist irgendeinem anderen „nützlich" oder gar lehrbar. Wer Phi-

---

[4] In unserem Fall: Die absolute Herrschaft des Verstandes (inklusive seinem technischen Nutzenverständnis).

losophie betreibt, muss sich halt belächeln lassen. Das war schon immer so. Die Frage ist nur, wie man damit umgeht.

Der Grund liegt m.E. in der Philosophie selbst, denn die „wählt" man nicht wie man irgendeine Profession wählt – bzw. wenn man sie so wählt (etwa um Philosophie-Professor zu werden), dann hat man mit ihr allenfalls eine Mesalliance, von φιλοσ und von σοφια keine Rede! Philosophie betreibt man, weil sie „unumgänglich" (Heidegger – im Wortsinne zu nehmen) ist, weil wir als Menschen zu ihr „verurteilt" (Rotermundt) sind, nicht aber, weil wir sie aus irgendwelchen ihr äußeren Gründen zum Gegenstand (!) unserer Beschäftigung „wählen".
Insofern ist jeder ein Philosoph, weil jeder – auch und gerade wenn er es nicht weiß – sein „Da-sein" selbst in einer bestimmten Weise versteht.[5] Bewusst betriebene Philosophie macht nichts anderes, als dies zur Sprache zu bringen. Das muss sie tun, und anderes kann sie nicht tun.

Wohlan denn …!

---

[5] Vgl. z.B. Hegels *Phänomenologie des Geistes*!

9 Sechster Satz - Part I

> Man philosophiert, weil die Fragen, die einem das
> Leben stellt, keine andere Wahl lassen.

Lieber Rainer,

heute möchte ich ohne große Umschweife gleich zur Sache kommen. Ich möchte einige kritische Anmerkungen zu ausgewählten Aspekten Deines Fünften Satzes geben aber vor allem auf dasjenige eingehen, was Du als die „Hauptsache" bezeichnet hast.

(1) Gleich im zweiten Absatz Deines letzten Schreibens sprichst Du von gewaltigen Schwierigkeiten beim Versuch Technik auf philosophischer Basis zu bewerten, wenn die Ethik keine moralischen Maßstäbe setzt, sondern diese nur untersuche. Ich sehe hier keine Schwierigkeiten. Denn erstens geht es nicht darum Technik *philosophisch* zu bewerten, sondern darum Technik überhaupt *zu bewerten*. Noch genauer: Es geht darum, die Technikfolgen zu bewerten. Hierzu bedarf es Kriterien. Diese können moralische sein oder auch andere. Ebenso wie moralische Regeln Menschenwerk sind (sofern man nicht annimmt, dass sie durch eine göttliche Autorität offenbart wurden), so sind auch die Kriterien und Maßstäbe der Technikfolgenbewertung Menschenwerk. Die Aufgabe der Philosophie ist es, diese Kriterien kritisch zu reflektieren und auf Konsistenz und Kohärenz zu prüfen. Aber: So wie es *keine* Aufgabe der Philosophie ist, zu bewerten, ob eine menschliche Handlung moralisch vertretbar ist oder nicht, so ist es auch *keine* Aufgabe der Philosophie, die einzelnen Technikfolgen *philosophisch* zu bewerten. Diese beiden Aufgabenfelder würde man zwar gerne der Philosophie übertragen. Denn es wäre ja so einfach, wenn die Philosophie bzw. die Ethik uns einerseits die moralischen Regeln zur Bewertung menschlichen Handelns als auch andererseits die Maßstäbe zur Bewertung der Technikfolgen entwickeln würde. Die Philosophie würde in Dienst gestellt und würde zur Magd. Dies aber, dem haben wir beide zugestimmt, ist keinesfalls die Aufgabe der Philosophie. Maßstäbe und Kriterien sind immer Menschenwerk, was aber nicht ausschließen soll, dass an diesem Werk auch Philosophen beteiligt sind,

II Technik und Philosophie im Dialog

denn auch Philosophen sind bekanntlich Menschen. Die Aufgabe der Philosophie ist Kritik im Kantischen Sinne. In diesem Sinne ist ihre Aufgabe eine Kritik der Maßstäbe und Kriterien im Besonderen und Kritik der Technik (nicht Bewertung) im Allgemeinen. Ich weiß, dass Du meinem Argument, insbesondere meinem Klammerausdruck (nicht Bewertung) nicht zustimmen wirst und auch nicht kannst. Denn schließlich ist ja für Dich die Frage nach der Technik schon eine inhärente Bewertung. Doch zu dieser „Hauptsache" kommen wir später. Bleiben wir aber noch kurz bei der philosophischen Aufgabe der Kritik der Maßstäbe und Kriterien, so wie ich sie begründe. Zu dieser Aufgabe gehört die bereits oben erwähnte Kohärenz- und Konsistenzprüfung. Darüber hinaus kann sie die Bedeutung der verwendeten Begriffe entfalten, auf Ambiguitäten verweisen, über Missverständnisse aufklären und vieles mehr. Philosophie in diesem Sinne ist die kritische und aufklärende Begleiterin der Technikfolgenbewertung. Sie kann aber auch auf grundsätzliche Fehler des ganzen Verfahrens unserer Technikfolgenbewertung verweisen, indem sie beispielsweise hinsichtlich der Technikfolgenbewertung eine kritische Methodendiskussion führt. Unsere gegenwärtig praktizierte Methode ist der zweifelhafte Versuch, Technikfolgen mit Technik zu beseitigen, was aber wiederum nur neue unerwünschte Technikfolgen impliziert. Die Philosophie kann die Widersprüchlichkeit dieser Methode aufzeigen. Sie kann deutlich machen, dass unsere gegenwärtig praktizierte Technikfolgenbewertung krankt und, wie Wittgenstein sagen würde, einer Therapie bedarf. Und zwar einer Therapie, die nicht die Symptome therapiert, sondern die Krankheit an ihren Wurzeln packt. Wer, wenn nicht die Philosophie, vermag diese Wurzeln offenzulegen. Das Potential der Philosophie als kritische Vernunft, die *nicht* jenseits von Ethik und Philosophie steht, scheint hier nahezu unbegrenzt.

(2) Nochmals zu Sellars: Sellars verlangt *nicht* von Dir, dass Du Dein philosophisches Unternehmen allein an logischen Maßstäben orientierst. Man kann sich bei philosophischen Unternehmungen nicht nur logisch irren, sondern man kann sich auch in moralischen Behauptungen oder Annahmen irren. Der Maßstab ist hier zweifelsfrei nicht die Logik (hier hast Du selbstverständlich recht), obgleich die Logik auch in der Ethik eine Rolle spielt. Sellars sagt „nur", dass man sich bei philosophischen

9 Sechster Satz - Part I

Unternehmungen irren kann und dass dann dieses Unternehmen einer Korrektur bedarf. Er begrenzt den Irrtum keineswegs auf den logischen. Dass man sich irren kann, gestehen wir alle ein. So auch Du: „Sollte ich eines Tages einsehen, mich da [hinsichtlich Hegel und Heidegger; jhf] geirrt zu haben, muss ich halt mein Denken ändern. Und das werde ich dann auch tun." Meine Frage lautet also weiterhin: Wie stellst Du Deinen Irrtum fest und zwar einen, der nicht logischer Natur ist. Du wirst Kriterien brauchen. Aber woher nimmst Du sie?

(3) Nun kommen wir endlich zu dem, was Du, mit Recht, als die „Hauptsache" titulierst. Du vertrittst die These: „Die Behauptung eines „an sich neutralen Dings" *ist* eine Bewertung!" Als ein Beispiel wählst Du im Rückgriff auf mein letztes Schreiben die Behauptung „Dies ist ein Baum". Wenden wir Deine These auf dieses Beispiel an, so folgt: Die Behauptung „Dies ist ein Baum" ist eine Bewertung und zwar sogar eine moralische. Ich denke, Du willst damit folgendes sagen. Sobald ein Betrachter eines Baumes den Satz äußert „ Dies ist ein Baum", klassifiziert er diesen Baum als ein Ding. Oder anders formuliert, er versieht den Baum mit dem Prädikat „Gegenstand" oder mit dem Prädikat „Ding". Er vollzieht also eine Prädikation. In diesem Sinne kann man tatsächlich sagen, dass „Dies ist ein Baum" eine Bewertung des Baumes ausspricht und zwar eine Bewertung des Baumes *als* Gegenstand oder *als* Ding. Weiterhin kann man folgendes sagen. Wenn der Betrachter den Baum *nur* als Gegenstand oder *nur* als Ding bewertet, dann tut er diesem Baum im weitesten Sinne „unrecht". Ergo ist die Bewertung des Baumes als *bloßes* Ding zugleich eine moralische Bewertung. Soweit kann ich Dir zustimmen, vorausgesetzt ich habe Deine These richtig interpretiert und ihre Anwendung auf den Baum korrekt angewandt.

Aber nun zu meinem Einwand. Er lautet: Wenn jede Äußerung der Form „Dies ist ein x" (zum Beispiel x = Baum) zugleich eine Bewertung ist, dann wird der Begriff der Bewertung zu einem Begriff mit größter Extension und kleinster Intension. Er ist derart extensiv, dass er Alles einschließt. Oder anders gesagt: Alles ist Bewertung so wie Alles Seiendes ist. Im Falle Deiner These gehen alle distinktiven Merkmale für den Begriff der Bewertung verloren. Jede menschliche Äußerung wird zugleich zu einer Bewertung. Unendlich extensive Begriffe mit leerer Intension sind aber genauso sinnlos, wie Begriffe mit unendlicher Intension aber ohne jegliche Extension. Im ersten Fall ist die unter dem Begriff eingeschlossene Menge unendlich und im zweiten Fall ist es die leere Menge.

Was bedeutet dies für die Technikfolgenbewertung? Mit einem Bewertungsbegriff, der alles einschließt und „Dies ist eine Ampel" bereits als Bewertung deklariert, wird man die Technikfolgen nicht in den Griff bekommen. Wir brauchen einen Bewertungsbegriff, der nicht pauschal, sondern distinktiv wertet. Du hast sicherlich recht, dass „Dies ist ein Baum" bereits eine Art Bewertung (nämlich als ein Ding) darstellt, obgleich man diesen Satz vielleicht besser als einen Klassifizierungssatz und nicht als einen Bewertungssatz bezeichnen sollte. Du siehst, ich bin bestrebt, den Bewertungsbegriff zu retten. Ich möchte dazu aber Deine These nicht ganz verwerfen. Denn sie beinhaltet im Kern m. E. auch diejenige These, die ich bereits in meiner Ouvertüre zu unserer Korrespondenz aufgeführt habe. Ich möchte sie hier nochmals zitieren:

> These: Theoretische Sätze und praktische Sätze sind nicht zu trennen, denn sie stehen in einem Abhängigkeitsverhältnis.

Deine These ist sozusagen die starke Variante gegenüber dieser schwachen These. Denn sie setzt theoretische oder deskriptive Aussagen (Dies ist ein Baum) mit praktischen oder präskriptiven Aussagen (Dieser Baum ist *nur* ein Ding) gleich. Eine Konsequenz Deiner starken These ist der Verlust des Bewertungsbegriffes, wohingegen die schwache These lediglich eine Abhängigkeit deskriptiver und präskriptiver Aussagen postuliert. Zu überlegen wäre, inwieweit beide Thesen Auswirkungen auf den naturalistischen Fehlschluss haben. Doch dies steht auf einem anderen Blatt, das ich hier nicht auch noch öffnen möchte.

Sowohl die schwache als auch Deine starke These haben unmittelbare Implikationen auf unsere Debatte über die Technikfolgenabschätzung und die Technikfolgenbe-

9 Sechster Satz - Part I

wertung. Ich befürchte, dass wir uns in dieser Debatte im Kreise drehen werden, solange wir uns nicht Klarheit über die Bedeutung und Gültigkeit dieser beiden Thesen, ihr Verhältnis zueinander und ihre Konsequenzen verschafft haben. Hier liegt in der Tat unsere „Hauptsache". Und ich denke, dass wir hier noch spannende Diskussionen führen werden, auf die ich mich freue.

Noch eine letzte Bemerkung zur „Hauptsache" und vielleicht der Vorschlag eines Weges. Etwas *als* ein Ding und *bloß als* ein Ding zu klassifizieren kann man sicherlich als eine Wertung begreifen. Soweit stimmte ich mit Dir überein, sofern ich Dich richtig interpretiert habe. Aber es ist eine außerordentlich grobe Wertung. Wenn man mit dem Satz „Dies sind Autoabgase" die Autoabgase *als* Ding bewertet, so ist dies gleichfalls eine solche erste grobe Bewertung. Um aber unsere Umwelt zu schützen brauchen wir zusätzlich zu dieser groben Bewertung sicherlich noch eine feinkörnigere Bewertung. Gleiches gilt für alle anderen Technikfolgen und ihre Bewertung. Meine Frage ist: Wie kommen wir von Deiner metaphysisch anmutenden Dingbewertung oder von Deiner „Etwas-als-Ding-Bewertung" zu einer feinkörnigeren Bewertung? Verbirgt sich hinter dieser Frage nicht der Weg, den wir einschlagen müssen?

(4) Im Gegensatz zu dieser „Hauptsache", mit der wir uns weiter auseinander zu setzen haben, scheinen wir in der Frage nach dem „Nutzen" der Philosophie bereits einer einvernehmlichen Lösung recht nahe zu sein. Tolle philosophische Sacharbeit! Mit Deiner Modifizierung meiner Nutzen-These bin ich einverstanden, obgleich ich unsere nunmehr gemeinsame These noch etwas anders interpretiere als Du. Es geht um die Frage: Ist Philosophie eine Wissenschaft?

Ich halte die Gegenüberstellung Philosophie und Wissenschaft für unzutreffend. Zweifelsfrei ist die Philosophie keine Wissenschaft unter vielen. Hieraus kann man aber nicht schließen, dass sie keine Wissenschaft ist. Man sagt, sie sei die Mutter aller Wissenschaften. Muss dann nicht die Mutter gleichfalls eine Wissenschaft sein? Die Mutter Deines Kollegen Franz gehört gleichfalls zur Spezies Mensch wie Dein

II Technik und Philosophie im Dialog

Kollege Franz. Ich behaupte: Die Philosophie ist eine Wissenschaft. Aber sie ist nicht irgendeine Wissenschaft, sondern eine besondere, die über oder außerhalb den anderen Wissenschaften steht. Was ist aber das Besondere, das sie auszeichnet? Das Besondere ist, dass sie nach dem Ganzen fragt, nach den ersten[1] Prinzipien und so fort. Alle anderen Wissenschaften fokussieren ihr Interesse stets an einer kleinen Auswahl aus dem Ganzen. Sie untersuchen das Einzelne, nicht das Ganze. Vielleicht ist daher die Gegenüberstellung Prinzipienwissenschaft und Einzelwissenschaft angemessener, obgleich ich mit dem Begriff der Prinzipienwissenschaft noch nicht ganz glücklich bin.

Man wird jedenfalls der Philosophie nicht gerecht, wenn man bestreitet, dass sie keine Wissenschaft ist. Genau das wird nämlich von den Einzelwissenschaften wie den Ingenieurwissenschaften, den Naturwissenschaften und auch von den Humanwissenschaften immer wieder mit Nachdruck unterstellt. Die Philosophie erbringe, so ihre Unterstellung, im Gegensatz zu den Einzelwissenschaften keinen „brauchbaren" Output. Über die Brauchbarkeit oder Nützlichkeit müssen wir nicht mehr reden, das haben wir bereits in unserer jüngsten Nutzendebatte getan. Was aber ist der Output? Der primäre Output der Philosophie sind Gedanken. Es sind Gedanken die Erkenntnisse repräsentieren und damit eine Form von Wissen darstellen. Ein Wissen, das allerdings genauso dem Irrtum ausgesetzt ist, wie das vermeintliche Wissen der Einzelwissenschaften. Die Philosophie hat m. E. sogar mehr denn jede Einzelwissenschaft das Potential, zu solchen Erkenntnissen zu gelangen. Wenn folglich überhaupt eine Disziplin den Namen Wissenschaft verdient, dann die Philosophie. Diese These hängt sicherlich davon ab, was man unter Wissen, Erkenntnis usw. versteht. Das haben wir ja schon bei unserer Diskussion um den Nutzen der Philosophie gesehen. Ob Philosophie nützt oder nicht, ist nicht nur eine Frage nach der Philosophie, sondern auch eine Frage nach der Bedeutung des Begriffes des Nutzens. Gleichermaßen gilt: Ob Philosophie eine Wissenschaft ist, ist nicht nur eine Frage nach der Philosophie, sondern gleichermaßen eine Frage nach der Bedeutung der Begriffe Wissen und Erkenntnis.

---

[1] nicht zeitlich gemeint

9 Sechster Satz - Part I

Ich weiß, dass meine Behauptung, dass Philosophie eine Wissenschaft ist, nicht viele Mitstreiter hat. Der Grund hierfür liegt darin, dass sich die Philosophie von den Einzelwissenschaften absetzen möchte, und dies mit Recht, aber es leider dadurch tut, dass sie behauptet, Philosophie sei keine Wissenschaft. Schade. Mein Weg ist radikaler. Die Philosophie setzt sich von den Einzelwissenschaften dadurch ab, dass sie begründet, dass nur sie allein den Namen Wissenschaft verdient und, dass den Einzelwissenschaften die Wissenschaftlichkeit abzusprechen ist. Denn nur die Philosophie forscht ganz im Sinne Platons nach wahrer Erkenntnis, die Einzelwissenschaften liefern dagegen nur unentwegt Meinungen. Trotz dieser radikalen These ziehe ich jedoch den versöhnlichen Weg vor. Denn wir sollten uns nicht am Streit um Titel aufreiben (wer ist Wissenschaftler und wer nicht?), sondern an unseren Sachproblemen. An diesen können wir gemeinsam arbeiten, ob wir uns nun als Wissenschaftler titulieren oder nicht.

(5) In Deinem Essay gibst Du eine kritische Betrachtung meiner fünf philosophischen Nutzenbeispiele. Bitte erlaube mir, dass ich nicht nochmals auf alle fünf Punkte eingehe. Ich denke, wir würden uns sonst im Dschungel des Vielfältigen verlieren und für unsere „Hauptsache" bliebe uns dann kaum noch Zeit. Denn schließlich müssen wir neben unserer philosophischen, problemorientierten Sacharbeit noch unsere Hochschulselbstverwaltung leisten. Ach! Fasst hätte ich durch den mächtigen Schatten, den der wild wuchernde Baum der Selbstverwaltung wirft, das kleine Pflänzchen der Lehre übersehen, die wir beide so sehr lieben und weswegen wir uns vor einiger Zeit für den Beruf des Hochschullehrers entschieden haben. Diese ist natürlich neben unserer philosophischen Sacharbeit auch noch zu leisten.

Was den Computer als Verdienst der Philosophie angeht, so hast Du sicherlich meinen ironischen Unterton in meinem letzten Schreiben bemerkt. Ich denke, hier sind wir uns wohl einig, dass der Computer nicht als ein Nutzen der Philosophie im Sinne unserer „Nutzenthese" zu zählen ist. Und das gilt allgemein für jeden sogenannten Nutzen der vielfältigen Einzelwissenschaften.

II Technik und Philosophie im Dialog

Ich möchte nun noch kurz auf Deinen Punkt (2) eingehen, wo Du Deinen Kopf verwettest. Dies hättest Du besser nicht tun sollen, denn Du hast die Wette verloren. Denn Du weißt, dass ein einziges Gegenbeispiel genügt, um Deine in Punkt (2) formulierte Behauptung, die ich als Allsatz auffasse, zu falsifizieren. Das Gegenbeispiel ist Dein Kollege Franz selbst. Denn ihn hat Philosophie bereichert und zwar nicht, wie Du gleichfalls weißt, in Form von C4. Denn das, was Du als Zipfelchen bezeichnest und die Dinge, die Du als die Konsequenzen dieses Zipfelchens aufführst (z.B. die Bescheidenheit) sind für mich ein ungeheurer Reichtum. Mein Geld mag sich im Laufe der Zeit durch Inflation verlieren, mein Haus verbrennen, mein Auto verrosten und vieles mehr. Aber ich sehe nichts, was mir den Reichtum des Zipfelchens nehmen könnte. Dieser Reichtum stirbt mit mir. Mich be-*reich*-ert[2] sogar das von Dir erwähnte Belächeln der Anderen. Denn mit den Anderen uniform zu gehen und zusammen mit den Anderen die sogenannten Außenseiter, wie die Philosophen, zu belächeln, dies wäre für mich wahrlich ein Zeugnis ungeheuerlicher *Armut*.

Zu Deinen beiden abschließenden Antworten zur Frage, warum man Philosophie betreibt (Du nennst eine Heidegger- und eine Rotermundt-Antwort), möchte ich, gleichfalls abschließend, noch zwei weitere Antworten ergänzen und zwar eine von mir selbst und eine, wie kann es auch anders sein, von Sellars:

> Man philosophiert, weil die Fragen, die einem das Leben stellt, keine andere Wahl lassen (Franz).

Da ich Sellars das letzte Wort in diesem Schreiben überlassen möchte, wünsche ich Dir bereits an dieser Stelle von Herzen alles Gute. Ich freue mich auf Deine Antwort.

Dein Jürgen

> We may philosophize well or ill, but we must philosophize (Sellars, 1975)!

---

[2] Jetzt fange ich wie Du auch schon an, mich des Schreibstils von Heideggers zu bemächtigen.

10 Sechster Satz - Part II

> In dieser unhintergehbaren Sachhaltigkeit scheinbar bloßer Formalität liegt denn auch der Grund, weshalb ich dabei bleibe, dass *jede* menschliche Äußerung eine Bewertung darstelle.

Lieber Jürgen,

da die Übereinstimmungen sich häufen, wird dieser Brief noch kürzer sein als der letzte und sich auf ganz wenige Punkte beschränken. Ich beginne von hinten, weil ich da ein kleines Missverständnis monieren will, das mir dennoch groß genug scheint, um angesprochen zu werden. Zunächst muss ich zugeben, den ironischen Unterton in Deinem vorletzten Schreiben nicht bemerkt zu haben. Mea culpa! Dann aber fühle ich mich meinerseits missverstanden und behaupte nach wie vor, die Wette um meinen Kopf nicht verloren zu haben. Ich hatte keineswegs behauptet, dass der „Nutzen" von Philosophie vollkommen ausgeschlossen sei, sondern dass dieser Nutzen nicht als allgemeiner und schon gar nicht als lehrbarer zu verstehen sei. Zitat: *Den letztgenannten „Nutzen" kenne ich auch aus eigener Erfahrung. Aber das ist eben der, mit dem „man" nichts „anfangen" kann, der eben keine Anweisung zum richtigen, besseren, „humaneren" usw. Leben gibt, sondern der ausschließlich d e m , d e r Philosophie b e t r e i b t, das Gefühl gibt, ein Zipfelchen mehr von der eigenen Lage begriffen zu haben als vordem.* Ob einer das tut oder nicht und ob dann wirklich jener Nutzen dabei herumkommt, steht völlig in den Sternen und kann niemals der Philosophie als solcher verdienstweise und ihr vor einer am Nutzen orientierten Öffentlichkeit als Legitimation zugerechnet werden. Ich wehre mich gegen jeden Versuch, Philosophie vor einem Denken zu rechtfertigen, welches fundamental zu kritisieren justament das Geschäft der Philosophie ausmacht. Du schreibst ja selbst in diesem Sinne, Philosophie liefere „keinen 'brauchbaren' Output".

Dass nun aber auch dieses zur Kritik stehende Denken in gewisser Weise selbst Philosophie darstellt, als es auf in ihm selbst unausgewiesenen und ungedachten begrifflichen Grundlagen beruht, steht dem nicht entgegen, sondern auf einem

II Technik und Philosophie im Dialog

anderen Blatt. Insofern stimmt Kollege Rotermundt dem Kollegen Sellars beinahe – weil mit einer historischen Differenzierung - rückhaltlos zu: „Deswegen [weil der Mensch Bewusstsein hat] war der Mensch einstmals das zur Philosophie befähigte und ist heute das zur Philosophie verurteilte Wesen."[1] Was das am Nutzen oder Output orientierte Denken vom philosophischen unterscheidet, ist zum einen, dass es von seiner eigenen Metaphysik nichts weiß und zum anderen äußerst ungern daran erinnert wird, davon also auch nichts wissen will.

Nun aber zu Wichtigerem. Gleich zu Beginn Deines Briefes charakterisierst Du moralische Regeln als „Menschenwerk" und unterscheidest zwischen moralischer und philosophischer Bewertung von Technik. Gleichwohl bleibt natürlich die Frage nach den Maßstäben, die Du für die philosophische Prüfung als die auf Konsistenz und Kohärenz benennst. Wenn ich das richtig verstehe, wird damit formale Logik zum Prüfstein für Technikbewertung gemacht. Damit aber werden all die der formalen Logik zugrunde liegenden Voraussetzungen glatt akzeptiert. Genau da aber liegt das Problem. Denn diese Logik reflektiert nicht die in ihr verhandelten Begriffe, sondern blendet jegliche Inhaltlichkeit systematisch aus und fragt nur nach deren formalen Beziehungen. Technikbewertung dieser Art bewegt sich somit immer schon *auf dem Boden* eben der jener Technik (geistig-historisch-gesellschaftlich-politisch) vorausgesetzten Gegebenheiten. Mit anderen Worten: Das Entscheidende in Sachen Bewertung kommt gar nicht erst in den Blick. Hammer-Beispiel: Wenn ich die Gegebenheit des so genannten „Marktes" (zu deutsch: Zirkulationssphäre der Kapitalverwertung) als solche hinnehme, kann ich ohne weiteres der Frage nachgehen, ob das „Produkt" (die Ware) auf „dem Markt" bestehen könne, ohne auf dieser Ebene auch nur darüber nachdenken zu *können*, mit welch seltsamer Gegebenheit wir es zu tun haben.

Und da sehe ich denn doch eine Funktion der Philosophie, und zwar eine der unbequemen Art: nämlich den ideologischen Charakter von Kategorien wie „Markt" oder „Globalisierung" oder „Sachzwang" oder „Marketing" oder „Kosten" oder ... oder

---
[1] Rainer Rotermundt, *Konfrontationen*, S. 25

... oder aufzudecken. Dies aber setzte voraus, die Ebene der formalen Logik zu verlassen, ja die formale Logik selbst einer radikalen Kritik zu unterziehen.

Auf diesem Wege käme man auch zu der Erkenntnis, dass „Logik" und Logik keineswegs dasselbe sind, dass es neben der formalen Logik auch eine ihr selbst inhärente gibt, die man als dialektisch zu kennzeichnen hätte (womit aber Vorsicht geboten ist, denn es handelt sich eben nicht um eine vom Gegenstand isolierte, wie bei der – nicht zufällig so heißenden - formalen, sondern eine im Gegenstand, in unserem Fall: der Formhaftigkeit der formalen, immer schon gesetzte). Und diese wäre es auch, an der ich meine eigenen Irrtümer gerne erkenne, nicht die formale.

In dieser unhintergehbaren Sachhaltigkeit scheinbar bloßer Formalität liegt denn auch der Grund, weshalb ich dabei bleibe, dass *jede* menschliche Äußerung eine Bewertung darstelle. Das macht den Begriff nicht leer, sondern gibt jeder menschlichen Äußerung immer schon eine (philosophische) Aufgabe mit: dies nämlich nicht aus dem Auge zu verlieren und sich stets und immer wieder nach den bewertenden Implikationen aller Äußerungen, insbesondere der angeblichen Selbstverständlichkeiten zu fragen.

So macht es, da stimme ich Dir völlig zu, einen erheblichen Unterschied, ob ich etwas *als* Ding oder *bloß* als Ding klassifiziere. Genau hier aber finden wir schon die Verbindung zur formalen Logik: Denn die Reinheit ihrer Formalität beruht auf ihrer Reinheit von aller Sachhaltigkeit, d.h. vom in Rede stehenden Gegenstand. Mit anderen Worten: Niemand anders als die formale Logik behandelt die Gegenstände *bloß* als Dinge und „vergisst" dabei justament die Tatsache, dass der *Täter dieser Tat sie selbst* ist, die in ihrer Formalität vorweg den Gegenstand so *zurichtet*, dass und wie er in sie hinein passt. Täte sie das nicht, müsste sie sich der Frage stellen, in welcher Beziehung der Gegenstand zu ihr, d.h. zum Bewusstsein steht – und hätte damit ein Problem, das sich formal nicht mehr lösen lässt, sondern auf die Aufhebung (besser: immer schon Aufgehobenheit) der formalen Logik hinausläuft.

II Technik und Philosophie im Dialog

Und genau da liegt auch der Grund, weshalb ich bestreite, dass Philosophie eine Wissenschaft sei (einmal ganz nebenbei und ein wenig ironisch abgesehen davon, dass die Mutter-Metapher keinen hinreichenden hergibt). Wissenschaft ist durch zwei Momente ausgezeichnet, durch das immer schon Vorliegen eines Grund-Gegenstandes (Natur, Gesellschaft, Geschichte), der seinerseits keinen Gegenstand der betreffenden Wissenschaft darstellt (die Frage danach, was Natur sei, ist keine physikalische, die nach Gesellschaft keine soziologische, die nach Geschichte keine geschichtliche) , und innerhalb ihrer selbst (eben wegen des vorweg gesetzten Ausschaltens der Frage nach dem Verhältnis von Wissenschaft und ihrem Gegenstand) durch das Gelten formaler Logik. *Beides* gilt für die Philosophie nicht, sondern das genaue Gegenteil: Beides wird philosophisch *prinzipiell* in Frage gestellt. Wie sollte Philosophie da eine Wissenschaft sein?

So, ich glaube, das war's, was ich diesmal meinte zu sagen zu haben. In Erwartung des siebten Satzes mit ganz herzlichen Grüßen,

Rainer

11 Siebter Satz

> Gültigkeit ist keinesfalls eine nicht weiter hinterfragbare Wahrheit.

Lieber Rainer,

ob sich die Übereinstimmungen häufen, wie Du schreibst, scheint mir noch nicht so sicher. Denn einige Deiner Überlegungen in Deinem letzten Schriftstück scheinen mir auf einer Fehldeutung meiner eigenen Ausführungen zu gründen. Im Folgenden werde ich daher zunächst versuchen, dieses Missverständnis, das sicherlich allein seinen Grund in meinen undeutlichen und unklaren Formulierungen hat, aus dem Weg zu räumen. Worum geht es? Du schreibst, dass ich „zwischen moralischer und philosophischer Bewertung von Technik" unterscheide (3. Absatz, 1. und 2. Zeile). Diese Unterscheidung treffe ich nicht. Ich erlaube mir daher nochmals eine längere Passage aus meinem letzten Schreiben zu zitieren und diejenigen Stellen fett zu markieren, die meine These deutlich machen:

> „Denn erstens **geht es nicht darum Technik** *philosophisch* **zu bewerten**, sondern darum Technik überhaupt *zu bewerten*. Noch genauer: Es geht darum, die Technikfolgen zu bewerten. Hierzu bedarf es Kriterien. Diese können moralische sein oder auch andere. Ebenso wie moralische Regeln Menschenwerk sind (sofern man nicht annimmt, dass sie durch eine göttliche Autorität offenbart wurden), so sind auch die Kriterien und Maßstäbe der Technikfolgenbewertung Menschenwerk. Die Aufgabe der Philosophie ist es, diese Kriterien kritisch zu reflektieren und auf Konsistenz und Kohärenz zu prüfen. Aber: So wie es *keine* **Aufgabe der Philosophie ist, zu bewerten**, ob eine menschliche Handlung moralisch vertretbar ist oder nicht, so ist es auch *keine* **Aufgabe der Philosophie, die einzelnen Technikfolgen** *philosophisch* **zu bewerten**. Diese beiden Aufgabenfelder würde man zwar gerne der Philosophie übertragen. Denn es wäre ja so einfach, wenn die Philosophie bzw. die Ethik uns einerseits die moralischen Regeln zur Bewertung menschlichen Handelns als auch andererseits die Maßstäbe zur Bewertung der Technikfolgen

entwickeln würde. Die Philosophie würde in Dienst gestellt und würde zur Magd. Dies aber, dem haben wir beide zugestimmt, ist **keinesfalls die Aufgabe der Philosophie."**

Aus diesem Abschnitt geht m. E. folgendes klar hervor.

Es ist *keine* Aufgabe der Philosophie zu werten. Es ist folglich auch *keine* Aufgabe der Philosophie menschliche Handlungen zu bewerten. Und es ist folglich auch *keine* Aufgabe der Philosophie Technik und ihre Folgen zu bewerten.[1]

Wenn es *keine* philosophische Bewertung gibt, dann kann es ergo auch keine Unterscheidung zwischen moralischer und philosophischer Bewertung im Allgemeinen und keine Unterscheidung „zwischen moralischer und philosophischer Bewertung der Technik" im Besonderen geben. Damit ist zumindest eine Übereinstimmung obsolet geworden. Denn nach Deiner These ist ja bereits die Frage nach der Technik nicht vom Begriff der Bewertung zu trennen. Es ist somit nicht zu befürchten, dass wir uns im Laufe unserer philosophischen Korrespondenz in dialektischer Weise einem harmonischen Übereinstimmungsendpunkt nähern. Es sei denn, Deine Gründe und Argumente überzeugen mich oder vice versa.

Welche Unterscheidung treffe ich aber tatsächlich? Was ich de facto trenne sind

(i) die von Menschen konzipierten Normen, Regeln und Kriterien der Bewertung (beispielsweise von Handlungen oder von Technikfolgen)[2]

und

(ii) die übergeordnete philosophische, kritische Auseinandersetzung mit diesen Regeln.

---

[1] In diesem Sinne gilt auch: Die Ethik wertet nicht, aber sie reflektiert Werte.
[2] Göttlich offenbarte Normen, Regeln und Kriterien können hier gleichfalls mitgedacht werden.

11 Siebter Satz

Es war das Anliegen meines letzten Schreibens, insbesondere aber der oben zitierten Passage, einerseits diese Differenz zwischen (i) und (ii) deutlich zu machen und andererseits gegenüber der nichthaltbaren Unterscheidung von moralischer und philosophischer Bewertung abzugrenzen. Dies scheint mir leider nicht gelungen zu sein. Ich hoffe aber, dass es nunmehr deutlicher geworden ist. Aufgrund dieses Missverständnisses, stimmen auch einige der daraus resultierenden Folgerungen, die Du in Deinem Schreiben ziehst, nicht mit meiner „Position" überein. Vor allem, was die Rolle der formalen Logik betrifft. Du schreibst, mit meinem Ansatz „wird die formale Logik zum Prüfstein für Technikbewertung gemacht." Das ist falsch und in diesem Fall ganz gewiss auf meine unpräzise Darstellung zurückzuführen. Denn meine im letzten Schreiben aufgeführte Behauptung „Der Maßstab ist hier zweifelsfrei nicht die Logik" habe ich einerseits nur beiläufig in Bezug auf Sellars und auf moralische Behauptungen aufgeführt und andererseits auch nicht näher begründet. Auch hier möchte ich deshalb zur Klarstellung nochmals einige kurze Anmerkungen zur Aufgabe der Philosophie und zur Aufgabe der Logik machen. Es ist die Aufgabe der Philosophie zu urteilen, zu kritisieren, zu argumentieren, zu begründen und zu reflektieren (Bitte beachte: zu werten ist nicht aufgeführt). Selbstverständlich spielt bei diesen Aufgaben die Logik eine Rolle, aber nur *eine*. Denn die Logik ist bloß, wie Du richtig erkennst, ein formaler Prüfstein. So kann ein Argument, in dem zwar formallogisch stringent von Prämissen auf eine Konklusion geschlossen wird, dennoch falsch sein und zwar inhaltlich bzw. material falsch. Denn die formale Logik schaut nicht auf die Inhalte. So kann es beispielsweise sein, dass die Prämissen inhaltlich einen völligen Unsinn behaupten. Und dieser Unsinn überträgt sich dann formallogisch korrekt auf die Konklusion. Das Argument schlägt in diesem Fall fehl, obgleich es formallogisch korrekt ist. Genau so fatal ist es aber, wenn man von inhaltlich wahren Prämissen durch logische Fehler auf eine Konklusion schließt, die gar nicht aus den Prämissen folgt. Solche logischen Fehler kann man auch gezielt und absichtlich in „Argumente" einbauen. Man erhält auf diese Weise gültig anmutende Scheinargumente, mit denen man gezielt Personen hinters Licht führen kann. Lange Rede kurzer Sinn: Bei Argumenten muss stets beides geprüft werden, das Formale

II Technik und Philosophie im Dialog

und das Materiale. Und zum Formalen gehört eben auch die von mir genannte Konsistenz und Kohärenz.

Im Folgenden möchte ich versuchen, diese Überlegungen zunächst in zwei thesenartigen Aussagen zusammenzufassen und dann nochmals kurz auf die Technikbewertung zurückkommen. Zunächst also die beiden „Thesen":

(i) Argumente sind das A&O des Philosophierens. Argumente müssen logisch schlüssig sein. Aber das bedeutet noch *nicht*, dass sie auch gültig sind. Denn die logische Gültigkeit ist *nur* eine notwendige, aber *keine* hinreichende Bedingung ihrer Gültigkeit. Als eine notwendige Bedingung können wir die Logik nicht verbannen, aber wir dürfen sie auch nicht zu unserer obersten Richterin erheben. Letzeres wäre fatal.

(ii) Ein System von Kriterien oder Maßstäben muss logisch konsistent sein. Aber das bedeutet noch *nicht*, dass die Kriterien auch sinnvoll sind. Die logische Gültigkeit besagt *nichts* über die inhaltliche Qualität der Kriterien.[3]

Und nun nochmals kurz zur Technikbewertung, genauer, zum Verhältnis von Technikbewertung und Logik. Die anschließenden Überlegungen gelten aber auch für das Verhältnis von Bewertung und Logik im Allgemeinen.

Technikbewertung gründet auf Kriterien und Maßstäben. Dies ist folglich *keine* primäre Angelegenheit der formalen Logik. Denn Kriterien und Maßstäbe gründen *nicht* auf Logik. Denn sie sind materialer Natur. Die Logik hat hier aber eine sekundäre Aufgabe. Sie kann überprüfen, ob Kriterien einander widersprechen und sich dadurch gegenseitig aufheben. Stellt sie das fest, so kann sie formallogische Kritik an den Kriterien bzw. an den Menschen üben, die diese Kriterien konzipiert

---

[3] In beiden „Thesen" wird der Begriff der Gültigkeit verwendet. Das Problem, das hier erkennbar wird, ist, dass dieser Begriff selbst wiederum ein kriterialer Begriff ist und folglich auf Konventionen oder Stipulationen gründet. Gültigkeit ist keinesfalls eine nicht weiter hinterfragbare Wahrheit.

11 Siebter Satz

haben. Kriterien und Maßstäbe sind also logisch (z.b. auf Widersprüche) *und* inhaltlich (z.B. auf Sinnhaftigkeit) zu prüfen und ggf. zu kritisieren, wobei ich darum bitte, das Wort „Sinnhaftigkeit" nicht auf die Waagschale zu legen.

Selbstverständlich ist aber auch die Logik, wie Du sagst, einer radikalen Kritik zu unterziehen. Da Logik aber eine Teildisziplin oder ein Handwerkszeug (um es mal technisch auszudrücken) der Philosophie ist, bedeutet diese Kritik zugleich philosophische Selbstkritik. Auch sie ist eine wesentliche Aufgabe der Philosophie: Kritik der Philosophie.

Ich hoffe, mit den bisherigen Überlegungen einige Missverständnisse beseitigt zu haben. Die folgenden Gedanken beziehen sich auf das letzte Drittel Deines Schreibens, das nicht unmittelbar auf den oben aufgeführten Missverständnissen gründet. Und zwar möchte ich zwei Aspekte herausgreifen, erstens Deine Kernthese (wenn ich sie mal so nennen darf) und zweitens nochmals die Frage, ob Philosophie nun eine Wissenschaft ist oder nicht.

Deine Kernthese, „dass *jede* menschliche Äußerung eine Bewertung darstelle" habe ich in meinem letzten Schreiben nicht grundsätzlich abgelehnt. Vielmehr habe ich versucht, sie in eine schwächere Form zu überführen, der auch ich zustimmen kann, wobei wir dann wieder bei den sich häufenden Übereinstimmungen sind. Meine bereits gleichfalls schon in den letzten Schreiben formulierte These lautet, dass man deskriptive Aussagen und präskriptive Aussagen nicht trennen kann. Hieraus folgt, dass de facto *jede* menschliche Aussage mit einer Bewertung einhergeht. Damit schrumpft unser beider Unterschied auf das Folgende zusammen:

(i) Jede menschliche Aussage *ist* eine Bewertung (Rotermundt)

(ii) Jede menschliche Aussage *beinhaltet auch* eine Bewertung (Franz).

II Technik und Philosophie im Dialog

Ich muss eingestehen, dass mir der Weg zur (material *und* logisch stringenten) Begründung meiner These noch nicht so ganz vor Augen ist. Da bedarf es wohl noch einiger vorlesungsfreier und selbstverwaltungsfreier Zeiten, die leider immer rarer werden. Aber mir scheint, dass meine These, da schwächer, einfacher zu begründen sein wird, als Deine These, deren Begründung ich gleichfalls nicht sehe. Das einzige, was ich in der Tat momentan sehe, ist, dass es noch viel philosophisch zu leistende Arbeit gibt. Packen wir es also an!

Gegen Deine These zu argumentieren, dass Philosophie keine Wissenschaft ist, halte ich gegenwärtig für aussichtslos. Denn der Begriff der Wissenschaft ist gleichfalls wieder ein kriterialer Begriff. So ist Dein Kriterium der Wissenschaftlichkeit die Gegenständlichkeit oder Dinghaftigkeit, mein Kriterium ist das der Wissensstandserweiterung oder das der Schließung epistemologischer Lücken. Solange wir aber von solchen unterschiedlichen kriterialen Bedingungen ausgehen, kommen wir notwendig stets zu unterschiedlichen Auffassungen über den wissenschaftlichen oder nichtwissenschaftlichen Status der Philosophie. Vielleicht kann ich Dich aber mit der folgenden abschließenden und persönlichen Frage zu meinem Standpunkt bewegen: Du philosophierst seit vielen Jahren. Bist Du dadurch zu neuen Erkenntnissen gekommen? Oder erging (oder ergeht) es Dir wie Sokrates, der sagte: Ich weiß, dass ich nichts weiß. Die Erkenntnis, dass er nichts weiß, hatte Sokrates sicherlich noch nicht als Jüngling. Diese Erkenntnis oder dieses Wissen hat er sich erst durch Philosophieren erarbeitet. Du merkst worauf ich hinaus will. Wenn Wissenserweiterung oder Wissen-Schaffen als Kriterium für Wissenschaftlichkeit herangezogen wird, dann sind Sokrates und Rotermundt zweifelsfrei Wissenschaftler.

Mit den allerbesten philosophischen Wünschen (was sind das denn jetzt schon wieder?)

Dein Jürgen

12 Letzter Satz

> Und hier ist Philosophie *ge-* und
> Wissenschaft *über*fragt.

Lieber Jürgen,

PHILOTEC geht nunmehr zu Ende, und mir kommt die Ehre zu, den letzten Satz unserer gemeinsamen Sinfonie zu formulieren. Ich will versuchen, auf Deinen letzten Text so kurz wir möglich zu antworten, um so wenig neue „Fässer" wie möglich aufzumachen. Allerdings sehe ich einen nachgerade harmonischen Übergang ins neue Projekt. Doch dazu am Ende mehr. Zunächst zu einigen Passagen Deines Textes.

Du schreibst, Philosophie habe „zu urteilen, zu kritisieren, zu argumentieren, zu begründen und zu reflektieren". Dem ist zwar nicht zu widersprechen, aber dies kann doch Philosophie vor anderen Tätigkeiten nicht auszeichnen. Denn all das tut jeder jeden Tag, so wie er geht und steht. Die entscheidende Frage lautet dann aber: *Wie, in welcher Weise*, leistet Philosophie all dies, was sie dann erst zu Philosophie macht im Unterschied zum gewöhnlichen Denken?

Anschließend wendest Du Dich auf dem Hintergrund einer scheinbar selbstverständlichen Trennung von „Formalem" und „Materialem" der formalen Logik zu. Mir scheint, da werden entscheidende Fragen unterschlagen: Mit welchen Recht lassen sich die beiden Momente überhaupt trennen? Was *ist* „das Formale"? Was *ist* „das Materiale"? Wäre Philosophie nicht zuallererst dazu aufgerufen, diese Fragen zu stellen, statt die Trennung als gegeben hinzunehmen? Schon in ganz oberflächlicher Überlegung vermag ich nichts Formales diesseits aller Materialität zu denken, und nichts Materiales ohne Form. Ist dem aber so, dann erscheint die Trennung selbst höchst frag-würdig!

Ich erlaube mir, weil es so schön schon gesagt ist, eine Autorität zu zitieren: „Der bisherige [veröffentlicht 1832!] Begriff der Logik beruht auf der im gewöhnlichen

II Technik und Philosophie im Dialog

Bewusstsein ein für allemal vorausgesetzten Trennung des *Inhaltes* der Erkenntnis und der *Form* derselben ..." Dabei handle es sich um „die Irrtümer, deren durch alle Teile des geistigen und natürlichen Universums durchgeführte Widerlegung die Philosophie ist".[1] Und diese Widerlegung vollzieht die Philosophie nicht von außen, sondern demonstriert sie als immanente Selbstwiderlegung der vorausgesetzten Trennung: „Es zeigt sich von selbst bald, dass, was in der nächsten gewöhnlichsten Reflexion als Inhalt von der Form geschieden wird, in der Tat nicht formlos, nicht bestimmungslos in sich, sein soll ..., dass er vielmehr Form *in ihm selbst*, ja durch sie allein Beseelung und Gehalt hat ..."[2] Und umgekehrt gilt umgekehrt.

Da wären wir wieder beim Unterschied von Wissenschaft und Philosophie. Während der Wissenschaft je ihr Gegenstand (vulgo: Inhalt) gegeben ist und sie ihre jeweiligen Methoden (vulgo: Form) entwickelt, um mit diesem umzugehen, muss es der Philosophie gerade darum gehen, hinter diese Naivität zurückzufragen, d.h. zu fragen, was denn denkerisch immer schon geschehen ist und nach geschehenem Vollzug geschieht, wenn man in der wissenschaftlichen Weise Form und Inhalt trennt. D.h. Philosophie hat zu be-denken, was Wissenschaft überhaupt ist und was sie dem entsprechend tut, ohne von dem einen wie von dem anderen je eine Ahnung zu haben bzw. haben zu können. Auf diesem Hintergrund und auf diese Weise ist Heideggers Diktum, Wissenschaft denke nicht, nach wie vor zuzustimmen.

Philosophie hätte zu erkennen, dass das Trennen von Form und Inhalt eine Tat des Denkens ist und als solche philosophisch zu be-denken. Betrachtet man die Sache so, dann heben sich auch die Merkwürdigkeiten von getrennten „Prüfungen" – „logisch und inhaltlich" – auf. Und dass man dann aufhören muss, Logik einfach als „Handwerkszeug" zu betrachten, ergibt sich. Deswegen bleibe ich bei meinem „ist" in Sachen „Bewertung", ja sehe eher Anlass, die Behauptung zu (ver)schärfen. Ich erinnere an Kants Satz vom „Richter" aus der *Kritik der reinen Vernunft* (B XIII f). In der ihr vorgängigen Zurichtung des Gegenstandes moderner Naturwissenschaft und

---

[1] G.W.F. Hegel, *Wissenschaft der Logik. Die Lehre vom Sein (1832)*, Hamburg (Meiner) 1990, S.26, 27
[2] Ebenda, S.18 – Hervorh. R.R.

12 Letzter Satz

Technik liegt immer schon dessen Bestimmung und damit unumgänglich ein Moment von Bewertung. Denn in der Gründung der Wissenschaft geschieht die Entscheidung darüber, was Inhalt und was Form seien, um anschließend so zu tun, als seien ihr beide gegeben. Ein nachgerade klassisches Quidproquo! Aufgabe der Philosophie ist es, dieses aufzudecken. Sollten Nietzsche und Heidegger Recht haben, dann käme (menschliches) Dasein ohne derartige Entscheidungen niemals aus (Stichworte: „Wille zur Macht" und „Entwurf"). Allerdings wäre auch durch nichts vorgegeben, dass sie justament so aussehen müssten wie in der Moderne.

Um es kurz zu machen: Fassen Wissenschaft und Technik die „Natur" als in sich gesetzmäßig ablaufenden Mechanismus auf, dann haben sie *in ihren Voraussetzungen* schon *Entscheidungen* über das Sein ihres Gegenstandes getroffen, welche selbst nicht Gegenstand ihrer Wissenschaft sind und sein können. Da aber liegt das Problem. Mit welchem Recht tun sie das? Welche Implikationen sind da klammheimlich gesetzt? Welche Konsequenzen entstehen dadurch als scheinbar in der Sache, tatsächlich aber in den Vorentscheidungen liegende? Usw. usf. Und hier ist Philosophie *ge-* und Wissenschaft *über*fragt.

Damit bin ich schon beim neuen Projekt angelangt. Ich hatte ja angekündigt, mich mit Kants *Metaphysische[n] Anfangsgründe[n] der Naturwissenschaft* beschäftigen zu wollen. Kein Geringerer als er weist schon im 18. Jahrhundert auf jene vor-wissenschaftlichen Prinzipien hin, die moderner Naturwissenschaft zugrunde liegen, ohne je ihr Gegenstand sein zu können. Dabei geht es nicht nur um Begriffe wie *Materie* oder *Kraft*, sondern auch, wie er in der Transzendentalen Ästhetik zeigt, um Grundbegriffe der wissenschaftlichen Weltauffassung überhaupt wie *Raum* und *Zeit*. Auch wenn Kant selbst es nicht gelungen ist, seine Fragen zu beantworten, - er hat sie gestellt, und darauf kommt es philosophisch heute ganz besonders an, wenn es beispielsweise darum geht, wie begrifflich revolutionär so etwas wie die Relativitätstheorie wirklich ist, wie naiv wir alltäglich wie wissenschaftlich mit jenen Begriffen noch immer umgehen, und welche Konsequenzen dieses „moderne" Selbst- und Weltverständnis für unser Dasein hat.

II Technik und Philosophie im Dialog

Aber das ist, wie der Wirt in *Irma la Douce* immer sagt, „eine andere Geschichte". Packen wir sie an!

In diesem Sinne auf ein Neues,

Rainer

III Reflexionen über Technik

1 Wertneutralität - Ein Irrtum in der Technikdiskussion (Franz)

Inhalt

Zusammenfassung, Abstract 94

1 Einleitung 94

2 Die Wertneutralitätsthese 96

2.1 Sind Wissenschaften wertneutral? 97
2.2 Ist Technik eine angewandte Naturwissenschaft? 99
2.3 Ist Technik Mittel zum Zweck? 102
2.3.1 Technik als gerätegestütztes Handeln 102
2.3.2 Technik als weltgestaltendes und kulturveränderndes Handeln 106
2.4 Ist Technik eine isolierte Welt? 109

3 Technik und Werte 110

3.1 Grundwerte 112
3.2 Basiswerte 114
3.3 Das Prinzip Freiheit 115
3.4 Philosophische Ethik und Technikethik 117

4 Resümee 118

5 Literatur 120

III   Reflexionen über Technik

ZUSAMMENFASSUNG

Der Aufsatz expliziert in systematisch-wissenschaftlicher Weise die These von der Wertneutralität der Technik. Es wird begründet, warum ihre Argumente falsch sind und Technik keineswegs wertneutral ist. Die Entfaltung des Technikbegriffs zeigt, dass Technik ein weltgestaltendes und kulturveränderndes menschliches Handeln ist, das legitimationsbedürftig ist. Anschließend wird die Frage reflektiert, welche Normen und Werte für technisches Handeln als Beurteilungskriterium fungieren und wie sie gerechtfertigt werden können. Die Arbeit schließt mit einem Fazit.

ABSTRACT

This paper describes the thesis of non-normative techniques in a systematic and scientific manner. It is shown that the arguments used to verify the thesis are wrong and techniques by no means are moral-neutral. By unfolding the term techniques, it is highlighted that it is a human activity which changes world and culture. Norms and values, which can be used to assess technical activities, are analysed and verified. Finally, a conclusion is given.

1   Einleitung

Technik ist so alt wie die Menschheit. Beide stehen von Anbeginn an in einer engen Wechselbeziehung. Seitdem haben Menschen die Technik und die Technik das Leben des Menschen und seine Kultur beständig verändert. Heute ist der Mensch in eine von Technik geprägte Welt eingebunden, die sich mit großer Geschwindigkeit weiterentwickelt und für viele nicht mehr überschaubar ist. Zwischen einer technischen Idee und dem fertigen, kommerziellen Produkt liegen heute häufig nur noch wenige Monate. Der technische Fortschritt des 20. und 21. Jhds. ist begleitet von einem bis dahin unbekannten Maß an Nebenfolgen. *Alles Herstellen*, so Hannah ARENDT, *ist gewalttätig, und Homo faber, der Schöpfer der Welt, kann sein Geschäft nur verrichten, indem er Natur zerstört. [...] In jedem Herstellen liegt etwas Prometheisches, weil es eine*

1 Wertneutralität - Ein Irrtum in der Technikdiskussion

Welt errichtet, die auf der gewalttätigen Vergewaltigung eines Teils der von Gott geschaffenen Natur sich gründet.[1] Umweltverschmutzung, Ozonloch, Artenschwund, ansteigende Meeresspegel, Waldsterben und die Angst vor dem atomaren Supergau sind einige bereits bekannte Phänomene. Krankheiten durch industrielle Nahrungsmittelherstellung, staatlich verordnete Massenschlachtungen von kranken Tieren, die mit dem Tiermehl ihrer Artgenossen gefüttert wurden und die Furcht vor den unvorstellbaren Möglichkeiten der Gen- und Biotechnik, wie das Klonen von Tier und Mensch bis hin zur genetischen Neukonstruktion des Menschen, sind Problemfelder neuerer Zeit. Hierzu gehören auch die erst ansatzweise bekannten Folgen der massiven Ausweitung der Informations-, Kommunikations- und Medientechnik. Von besonderer Tragweite dabei ist, dass unser gegenwärtiges technisches Handeln, besonders aber seine nichtintendierten Folgen, die Handlungsbedingungen künftiger Generationen und ihre Möglichkeiten der Lebensgestaltung präjudiziert.

Die vielfältigen Vorteile der Technik lassen häufig über ihre Probleme und Nachteile hinwegsehen, obwohl sie jeder Technik ebenso immanent sind wie ihre Vorzüge. Nicht selten kommen die Probleme erst dann zum Vorschein, wenn sie mit Unglücksfällen verbunden sind. Durch Technikfolgenabschätzung und Technikbewertung (technology assesssment; TA) soll das Ausmaß dieser Probleme begrenzt werden. Ihre Integration in den technischen Entwicklungsprozess ist eine Notwendigkeit, da *Wissenschaft und Technik nicht nur Probleme lösen, sondern auch Probleme schaffen.*[2] In der Technikbewertung kommt es dabei erstmals zu einer konstruktiven Verbindung zweier Wissenschaften, die bislang isoliert nebeneinander standen, der Ingenieurwissenschaft und der Ethik. Ein äußeres Zeichen dieser Trendwende sind die Vielzahl in der zweiten Hälfte des 20. Jhds. veröffentlichten Publikationen zum Themenfeld Ethik und Technik. Allerdings darf das wachsende öffentliche und wissenschaftliche Interesse an der notwendigen interdisziplinären Symbiose zwischen

---

[1] ARENDT, Hannah: Vitae activa oder vom tätigen Leben. München: Piper, 2002, S. 165.
[2] MITTELSTRAß, Jürgen: Die Angst und das Wissen - oder was leistet die Technikfolgenabschätzung? In: GETHMANN-SIEFERT, Annemarie; GETHMANN, Carl Friedrich (Hrsg.): Philosophie und Technik. München: Fink, (Neuzeit und Gegenwart), 2000, S. 33.

diesen beiden Disziplinen nicht darüber hinwegtäuschen, dass Technikethik, Technikfolgenabschätzung und Technikbewertung immer noch sehr junge Themenfelder sind und selbst die große Masse der heute berufstätigen Ingenieure und Techniker weder während der Schulzeit noch während des Studiums mit ethischen Fragestellungen konfrontiert wurden. In den technischen Studiengängen finden diese Themengebiete auch gegenwärtig noch nicht die Bedeutung, die erforderlich wäre, um eine verantwortungsbewusste Technikentwicklung nachhaltig zu fördern.[3] Die Notwendigkeit, ethische Aspekte in die Technikdiskussion einzubringen, wird von vielen technischen Akteuren noch nicht erkannt oder schlichtweg ignoriert. Besonders deutlich wird dies in der Diskussion über Sinn und Zweck der Technik, in der auch heute noch mit Aussagen argumentiert wird, deren Falschheit bereits bewiesen wurde. Einer dieser Irrtümer ist die These von der Wertneutralität der Technik. Da diese These auch zu Beginn des 21. Jhds. noch von Brisanz ist, vielleicht sogar gepflegt wird, ist sie unverändert ein Thema mit hohem Reflexionsbedarf.

2   DIE WERTNEUTRALITÄTSTHESE

Normen und Werte bilden den Inbegriff jeder Moral.[4] An ihnen orientieren Menschen ihre Handlungen und Entscheidungen, denn sie bilden einen Maßstab zur Beurteilung, ob eine Handlung gut oder schlecht, geboten oder verboten ist. Die These von der Wertneutralität der Technik behauptet, dass dies für technische Handlungen nicht zutrifft, da technisches Handeln grundsätzlich wertneutral und damit keinen moralischen Regeln unterworfen ist. Folglich sei technisches Handeln auch kein Gegenstand der Ethik. Die Argumente, die diese These stützen, sollen im folgenden reflektiert und widerlegt werden. Die Klassifizierung der teilweise ähnlichen Argumente erfolgt dabei anhand charakteristischer Fragen, die bereits den Ansatzpunkt ihrer Widerlegung andeuten.

---

[3] Vgl. BRENNECKE, Volker M.: Entwicklung von Institutionen. In: RAPP, Friedrich (Hrsg.): Aktualität der Technikbewertung - Erträge und Perspektiven der Richtlinie VDI 3780. VDI Report 29, Düsseldorf: VDI, 1999, S. 44.
[4] Vgl. PIEPER, Annemarie: Einführung in die Ethik, 4. Aufl., Tübingen: Francke (UTB), 2000, S. 32.

1 Wertneutralität - Ein Irrtum in der Technikdiskussion

2.1 Sind Wissenschaften wertneutral?

Das erste Argument, das auf eine Wertneutralität der Technik schließt, gründet auf zwei Prämissen. Die erste besagt, dass Wissenschaften bzw. Naturwissenschaften wertneutral sind und die zweite, dass Technik eine angewandte Naturwissenschaft ist. Folglich, so der Schluss, ist auch die Technik wertneutral. Die Wertneutralität der Technik ist also eine direkte Folge der Wertneutralität der Naturwissenschaften. Unter logischen Gesichtspunkten ist dieser Schluss durchaus korrekt. Dennoch ist das Argument falsch, da beide Prämissen falsch sind. Denn weder sind Wissenschaften wertneutral (dieser Abschnitt), noch ist Technik eine angewandte Naturwissenschaft (Abschnitt 2.2).

Die Wertneutralität der Wissenschaften wird damit begründet, dass ihre Aufgabe auf die zweckfreie Entdeckung von Naturgesetzen, die Aufdeckung von Wahrheiten und ihre Formulierung in Form von Theorien begrenzt ist (Szientismus). Gesetzmäßigkeiten über die Natur und Theorien sind aber faktische Sachaussagen, die sich per se jeder Wertung und jedem moralischen Urteil entziehen. Denn Sachaussagen können weder gut noch schlecht, sondern nur wahr oder falsch sein. HABERMAS spricht vom *Objektivismus der Wissenschaften. Diesen erscheint die Welt gegenständlich als ein Universum von Tatsachen, dessen gesetzmäßiger Zusammenhang deskriptiv erfaßt werden kann.*[5] Normen und Werte kommen in dieser Welt nicht vor. Daher sind Wissenschaftler von jeder Verantwortung freizusprechen.

Die Annahme einer zweckfreien und wertneutralen Forschungstätigkeit korrespondiert mit dem Selbstverständnis vieler Wissenschaftler, aber sie entspricht nicht der Realität. Denn die modernen empirischen Wissenschaften dienen heute kaum noch der Wahrheitssuche. Spätestens seit der Neuzeit, seit der mechanistischen Weltauffassung HOBBES'[6] und der Zweiteilung der Welt in eine geistige res cogitans und

---

[5] HABERMAS, Jürgen: Technik und Wissenschaft als ›Ideologie‹. Frankfurt: 1969, Suhrkamp, S. 151.
[6] HOBBES hat die mechanistische Weltauffassung auch auf Menschen und den Staat übertragen: *Der große Leviathan (so nennen wir den Staat) ist ein Kunstwerk oder ein künstlicher Mensch.* In: HOBBES,

III Reflexionen über Technik

eine leblose, materielle res extensa durch DESCARTES, geht es den Wissenschaften nicht mehr, wie noch in der Antike, um die bloße Deutung der sich selbst überlassenen teleologischen Natur, sondern um die gezielte Nutzung der Natur als Mittel für beliebige Zwecke. Dabei sind es meist nicht die Wissenschaftler selbst, die über die Zwecke entscheiden, vielmehr werden diese durch wirtschaftliche, industrielle oder staatliche Forschungsaufträge an sie herangetragen. Nach HABERMAS kann es sogar grundsätzlich keine wertneutrale Wissenschaft geben, da jedes Suchen nach Erkenntnis durch Interessen geleitet ist. Immer erschließen *erfahrungswissenschaftliche Theorien die Wirklichkeit unter dem leitenden Interesse an der möglichen Sicherung und Erweiterung erfolgskontrollierten Handelns.*[7] Ergo ist kein Streben nach Erkenntnis frei von menschlichen Interessen. HABERMAS kritisiert ebenso wie HUSSERL *den objektivistischen Schein, der den Wissenschaften ein An-Sich von gesetzesmäßig strukturierten Tatsachen vorspiegelt, die Konstitutionen dieser Tatsachen verdeckt und dadurch die Verflechtung der Erkenntnis mit Interessen der Lebenswelt nicht zu Bewußtsein kommen läßt.*[8] Jede faktische, deskriptive Erkenntnis oder Theorie ist somit durch unterschiedliche präskriptive, normorientierte Interessen geleitet. *Schon die Auswahl der vermeintlich objektiven, rein deskriptiven Parameter* [z.B. bei einer Simulation; jhf] *ist in Wirklichkeit bereits normativ geprägt.*[9] Daher ist *die völlig wertfreie Beschreibung von Sachverhalten ein Ding der Unmöglichkeit.*[10]

Gegen die These von der wertneutralen Wissenschaft spricht auch der Konstruktivismus. Nach ihm fundiert jede Wissenschaft auf der vorgängigen Praxis des menschlichen Lebens und auf einem immanenten theoretischen Vorverständnis, d.h. Wissenschaften sind ein Resultat der Praxis und nicht der Theorie. Sie entstehen nach JANICH, wenn *lebensweltliche Praxen zu Wissenschaften hochstilisiert werden.*[11] Somit ist jedes *Wissen über die scheinbar objektive Welt der Tatsachen transzendental in der vorwissen-

---

Thomas: Leviathan. Stuttgart: Reclam, 2000, S. 5.
[7] HABERMAS, a.a.O., S. 157.
[8] Ebd., S. 152.
[9] RAPP, Friedrich: Möglichkeiten des Mißbrauchs. In: RAPP (Hrsg., 1999), a.a.O., S. 58.
[10] Ebd., S. 56.
[11] JANICH, Peter: Die Konstruktive Wissenschaftstheorie. Kurs 3369 der FernUniversität in Hagen. Hagen: 1994, S. 12.

1 Wertneutralität - Ein Irrtum in der Technikdiskussion

schaftlichen Welt gegründet [12] und diese ist keine Welt deskriptiver Theorien, sondern normativer Praxen.

Die strikte Trennung zwischen deskriptiver Theorie und normativer Praxis ist ein Signum der Neuzeit. In der antiken Philosophie gab es diese Trennung nicht. Nach ihr war ein nach der Theorie ausgerichtetes Leben, die Bedingung für die Möglichkeit eines autarken glückseligen Lebens (eudaimonia). Denn *wahre Grundsätze,* so ARISTOTELES, *sind nicht bloß für die Wissenschaft von höchstem Wert, sondern ebenso für das Leben,*[13] also für die Praxis.

Die erste Prämisse, dass Wissenschaften grundsätzlich wertneutral sind, hat sich damit hinlänglich als falsch erwiesen. Betrachten wir nun die zweite Prämisse.

2.2 Ist Technik eine angewandte Naturwissenschaft?

Nach der Wertneutralitätsthese ist Technik durch die Aufgabe charakterisiert, die von den Naturwissenschaften gefundenen Naturgesetze, Theorien und Wahrheiten in technische Artefakte zu implementieren. Dieser Vorgang, der einem Automatismus vergleichbar ist, ist rein instrumentell und damit wertneutral. Die derart hergestellten Artefakte sind ein notwendiges Ergebnis der eo ipso wertneutralen Naturgesetze und in ihrer Funktion auch allein durch diese begrenzt. Die Technik folgt somit nur der wertneutralen Forschungslogik der Wissenschaften, wodurch sich eine nicht antastbare Eigendynamik und ein inhärenter Determinismus einstellt. Folglich weist der technische Fortschritt eine ihm immanente Gesetzlichkeit auf, die jede technische Entwicklung determiniert. Damit sind alle technischen Probleme und ihre Lösungen an diese Gesetzlichkeit gebunden und jeder technische Akteur ist durch sie heteronom bestimmt. Eine freie, also autonome Handlung ist ihm nicht möglich, da

---

[12] HABERMAS, a.a.O, S. 151.
[13] ARISTOTELES: Nikomachische Ethik (Übers. von Eugen Rolfes, bearb. von Günther Bien). Philosophische Schriften in sechs Bänden, Band 3, Hamburg: Meiner, 1995, S. 235.

III Reflexionen über Technik

Handlungsalternativen fehlen. Folglich sind moralische Regeln und Werte im Bereich der Technik überflüssig. Technik ist wertneutral und damit ethisch nicht relevant. Diese These ist falsch. Es ist empirisch bewiesen, dass Naturwissenschaften zumindest im gleichen Maße durch Technik bedingt sind, wie die Technik durch die Naturwissenschaften. Beide stehen in einer dialektischen Wechselbeziehung, d.h. sie bedingen und fördern einander. Es ist eine empirische Faktizität, dass die modernen Naturwissenschaften auf technikfundierte Experimente und technische Mess-, Beobachtungs- und Auswertungsinstrumente angewiesen sind. Diese liefern ihr die relevanten empirischen Daten, werten sie aus und ermöglichen damit Theorien zu verifizieren oder zu falsifizieren. Die Abhängigkeit der Wissenschaft von der Technik ist heute so ausgeprägt, dass bereits gegen die These, dass Technik angewandte Naturwissenschaft sei, die These, *Naturwissenschaft sei angewandte Technik*[14] gesetzt und verifiziert wird. Die Interdependenz zwischen Wissenschaft und Technik ist durch ein großes Feld an Handlungsoptionen charakterisiert. So können beispielsweise Experimente und Messgeräte in sehr unterschiedlicher Weise realisiert werden. Es besteht somit Handlungsfreiheit und diese Freiheit ist an bestehenden Normen und Werten zu orientieren und zu legitimieren. Technisches Handeln ist also keineswegs wertneutral.

Zur Stützung der These, dass Technik eine angewandte Naturwissenschaft ist und durch diese bedingt, gar determiniert ist, wird auch die Behauptung aufgestellt, dass es zu jedem technischen Problem immer genau eine *optimale Lösung*[15] gibt. Damit existiert stets nur ein einziger bester Handlungsweg, der rein instrumentell zur Optimallösung führt. Diese Behauptung ist zumindest in zweifacher Hinsicht falsch. Jeder berufstätige Ingenieur weiß aus eigener Erfahrung, dass die technisch optimale Lösung meist nicht zugleich die ökonomischste ist und umgekehrt. Wird die zu

---

[14] JANICH, Peter: Philosophische Ethik und Technik: die Diskussion um die bemannte Raumfahrt. In: GETHMANN-SIEFERT, Annemarie; GETHMANN, Carl Friedrich (Hrsg.), a.a.O., S. 153.
[15] GRUNWALD, Armin: Ethik als Orientierungshilfe in technikpolitischen Entscheidungen? In: GETHMANN-SIEFERT, Annemarie; GETHMANN, Carl Friedrich (Hrsg.), a.a.O., S. 130-132.

1 Wertneutralität - Ein Irrtum in der Technikdiskussion

lösende Aufgabe in einen noch größeren Kontext gestellt, so sind neben technischen und wirtschaftlichen Gesichtspunkten auch ökologische, soziale, kulturelle und politische Aspekte zu berücksichtigen, was die Lösungsvielfalt zusätzlich erweitert. Das Auffinden einer Lösung ist in diesem Rahmen immer auch ein Suchen nach Kompromissen. *Technische Entwicklungen gründen nicht nur auf Können und Wissen, sondern ganz wesentlich auch auf Entscheidungen zwischen verschiedenen Möglichkeiten.*[16] Die in der Realität stets vorhandene Vielzahl von Lösungsoptionen falsifiziert so in empirischer Weise die Behauptung einer einzigen Lösung. Das Auffinden von Lösungen sowie das Abwägen und Prüfen von Lösungsoptionen und Risikofaktoren ist kein technischer, sondern ein gesellschaftlicher Prozess, in den unterschiedliche Wert- und Zielvorstellungen einfließen. Hier werden Lösungen nicht durch wissenschaftliche Formeln gefunden, sondern durch öffentliche Diskussion, Willensbildung und wahrheitsfördende Diskurse, die nach allgemein akzeptierten Regeln verlaufen. Die dabei gefundenen Lösungen sollen allgemein, rational und transsubjektiv sein, also prinzipiell von jedem überprüft und akzeptiert werden können. Nur dadurch erhalten sie ihre Legitimation und allgemeine Verbindlichkeit.

Aber selbst wenn man den Kontext auf den technischen Bereich einengt und idealisiert annimmt, es gäbe eine technische Optimallösung, so ist es aus erkenntnistheoretischen (epistemischen) Gründen unwahrscheinlich, dass der Mensch diese auch erkennt. Als bedingtes Wesen ist der Mensch nicht in der Lage die Wahrheit zu ergründen und zu einer vollständigen Erkenntnis des Weltganzen zu gelangen. Um die wahrhaft optimale technische Lösung zu finden, müsste er fähig sein, die Kausalkette der Folgen seiner Lösung bis ins Unendliche zu denken, was einem regressus in infinitum gleichkäme. Da er diese kognitive Leistung nicht erbringen kann, wird er niemals mit Gewissheit behaupten können, dass seine Lösung die wahrhaft optimale ist.

---

[16] VDI (Hrsg.): Technikbewertung - Begriffe und Grundlagen . Erläuterungen und Hinweise zur VDI-Richtlinie 3780. VDI Report 15. Düsseldorf: VDI, 1997, S. 8.

III Reflexionen über Technik

Damit ist auch die zweite Prämisse, dass Technik eine angewandte Naturwissenschaft ist, durch einen empirischen und erkenntnistheoretischen Rekurs ad absurdum geführt.

2.3 Ist Technik Mittel zum Zweck?

Zur Untermauerung der These von der Wertneutralität der Technik dient auch die tradierte Aussage „Technik ist Mittel zum Zweck". Dabei wird angenommen, dass zwischen Mittel und Zweck eine immanente eindeutige Kausalbeziehung bzw. ein genuin funktionaler Zusammenhang besteht, der keinen Wertmaßstäben unterliegt. Dies ist falsch. Die stark verkürzte Aussage, dass Technik Mittel zum Zweck sei, verdinglicht die Technik und gibt ihr einen rein instrumentellen Charakter. Dies entspricht aber nicht der Realität, wie die folgende Entfaltung des Technikbegriffes zeigt.

2.3.1 Technik als Gerätegestütztes Handeln

Was ist Technik? Diese Frage wurde im Laufe der Geschichte in unterschiedlicher Weise beantwortet und auch heute gibt es keine einheitliche Definition, sondern mehrere *Varianten des Technikbegriffs*.[17] Seine Definition kann sehr eng sein und beispielsweise nur die unmittelbare Herstellung von Werkzeugen denotieren oder aber sie kann sehr weit sein und alle möglichen Kunst- und Handfertigkeiten umfassen, wie beispielsweise die Technik des Eiskunstlaufs, die Technik der Gesprächsführung oder die Politik als praktische Staatskunst (politike techne). Die technikphilosophische, ontologische Frage, die sich hier stellt, ist: Haben diese unterschiedlichen Definitionen ein gemeinsames Wesensmerkmal? Die Antwort lautet ja. Denn unabhängig davon, wie weit oder eng der Technikbegriff definiert wird, Technik ist immer eine Form menschlichen Handelns. Keine Technik kann isoliert von menschlichen Handlungen betrachtet werden. Geräte und Maschinen werden geplant, entwickelt, hergestellt und genutzt; die dazu tauglichen Mittel werden ausgewählt und

---

[17] Vgl. RAPP, Friedrich: Die Dynamik der modernen Welt. Hamburg: Junius, 1994, S. 18ff.

1 Wertneutralität – Ein Irrtum in der Technikdiskussion

gegeneinander abgewägt. All dies sind menschliche Handlungen. Jeder technische Entwicklungsprozess, von der Idee bis zum Gebrauch des fertigen technischen Produktes, ja im Grunde der gesamte historisch-technische Fortschritt ist Ausdruck menschlicher Handlungen. Sie sind ein Wesensmerkmal des Technikbegriffs. Häufig werden aber auch die vielfältigen Artefakte selbst, z.b. Maschinen, Geräte und Apparaturen, aber auch Konsumgüter wie Kaffeemaschinen und CD-Player, unter dem Technikbegriff subsumiert. So werden in der VDI Richtlinie 3780 nicht nur *die Menge menschlicher Handlungen, in denen Sachsysteme verwendet werden* und *die Menge menschlicher Handlungen [...], in denen Sachsysteme entstehen* vom Technikbegriff denotiert, sondern zusätzlich auch *die Menge der nutzenorientierten, künstlichen, gegenständlichen Gebilde (Artefakte oder Sachsysteme)*.[18] Artefakte sind aber isoliert betrachtet wertneutral. Ihren Wert gewinnen sie indirekt erst durch den handelnden Menschen, so dass die Entfaltung von Technik als eine Form menschlicher Handlung auch in diesem Kontext gültig bleibt. Da es sich bei den Artefakten meist um Geräte handelt, bietet sich auch die Definition *Technik ist gerätegestütztes Handeln*[19] an. Jedes Handeln setzt ein vorgängiges Urteilen und Entscheiden voraus, dass sich an allgemein akzeptierten Normen und Werten orientiert. Technisches Handeln ist somit ebenso wie jede andere menschliche Handlung an moralische Regeln und Werte gebunden und zu verantworten. Folglich ist Technik bzw. das zweckrationale Handeln technischer Akteure ein Gegenstand der Ethik. Die Definition des Technikbegriffs ist in diesem Zusammenhang nicht unproblematisch, da eine zu enge oder zu weite Definition die Wirkmacht der Technik verkleinert oder vergrößert und damit entscheidend den Verantwortungsumfang der beteiligten Akteure festlegt.

Die Aussage, dass Technik nur Mittel zum Zweck sei und zwischen Mittel und Zweck eine instrumentelle Beziehung besteht, impliziert, dass der technische Akteur für die Zwecke nicht verantwortlich ist. Denn die Zwecke, meist sind es technische

---

[18] VDI: VDI-Richtlinie 3780 Technikbewertung, Begriffe und Grundlagen. Berlin: Beuth, 1991, S. 2.
[19] GETHMANN, Carl Friedrich; GETHMANN-SIEFERT, Annemarie: Ethische Probleme versus Technikfolgenabschätzung. In: GETHMANN-SIEFERT, Annemarie; GETHMANN, Carl Friedrich (Hrsg..), a.a.O., S. 12.

III Reflexionen über Technik

Produkte für weitere Zwecke, sind stets in vielfältiger Weise verwendbar. Über ihren Gebrauch entscheidet allein der Anwender, der dafür die alleinige moralische Verantwortung trägt. Die Herstellung technischer Produkte sei dagegen immer nur rein funktional und damit wert- und moralisch neutral. Als Beispiel dient häufig der Hammer. Seine Herstellung impliziert nicht seine spätere Verwendung. Erst sein Besitzer muss entscheiden, ob er ihn zum Einschlagen von Nägeln oder als Mordwaffe verwendet. Damit trägt nur er die Verantwortung und nicht der Hersteller. Dieses Technikbild prägt auch heute noch das Selbstverständnis vieler Ingenieure und Techniker, aber es entspricht nicht der Realität. In der modernen Technik sind Funktion und Zweck technischer Geräte, Maschinen und Systeme durch einen vorgängigen rationalen Planungs- und Herstellungsprozess nahezu eindeutig festgelegt. Es sind somit die Handlungen der Ingenieure, die den Verwendungszweck ihrer technischen Produkte durch ihre Planung und Herstellung präjudizieren. *Schon mit der Erfindungsidee nehmen Ingenieure eine bestimmte spätere Nutzungsform vorweg.*[20] So kann eine hochentwickelte Waffe stets nur als Waffe verwendet werden. Ingenieure antizipieren aber nicht nur die Zwecke, sie wählen auch die Mittel aus, die zum gewünschten Produkt, zum angestrebten Zweck führen. Denn zum gewünschten Zweck führt meist nicht nur ein einziges Mittel, sondern es steht eine Auswahl an Mitteln bereit. Nun sind aber die Festlegung von Verwendungszwecken sowie die Abwägung und Auswahl geeigneter Mittel keine instrumentellen Handlungen. Es sind zweifelsfrei Handlungen, die an Entscheidungen und Willensäußerungen geknüpft sind und daher dem Anspruch auf Moralität genügen müssen und hinsichtlich allgemein akzeptierter Normen und Werte zu rechtfertigen und zu verantworten sind. Dies gilt für den gesamten technischen Entwicklungs- und Herstellungsprozess. Angefangen von der Idee bis hin zum fertigen Produkt ist er fortgesetzt von Entscheidungen begleitet. *Nun nimmt aber jede Entscheidung - auch wenn das dem Entscheider nicht immer bewußt ist - auf Werte bezug,*[21] d.h. sie sind an gesellschaftlichen Wertmaßstäben zu

---

[20] VDI (Hrsg., 1997), a.a.O., S. 11.
[21] Ebd., S. 11.

1 Wertneutralität – Ein Irrtum in der Technikdiskussion

messen und zu legitimieren. *Die Wirklichkeit technischen Handelns entspricht also offensichtlich nicht dem Selbstbild, das manche Ingenieure davon zeichnen.*[22]

Die Aussage „Technik ist Mittel zum Zweck" begrenzt die Aufgabe von Ingenieuren und Technikern auf das Auffinden geeigneter Mittel für gewünschte Zwecke. Im 19. Jhd. fand diese Aussage durchaus ihre Rechtfertigung. In Bezug auf das 21. Jhd. bedarf sie aber einer Korrektur. Denn es bestimmen nicht mehr allein die Zwecke die einzusetzenden Mittel, sondern die Mittel selbst beherrschen zunehmend die Zwecke. Im Vordergrund steht also nicht mehr die Frage, welche Mittel führen zum gewünschten Zweck, sondern die Frage, welche Zwecke können aus der Vielfalt verfügbarer Mittel realisiert werden? Äußeres empirisches Zeichen für diese Veränderung ist die zunehmende Flut neuer technischer Produkte, die den Markt überschwemmen und eine aufwendige Werbung bedingen, die den potentiellen Kunden in häufig moralisch bedenklicher Weise die scheinbare Lebensnotwendigkeit dieser Produkte suggeriert.

Zusammenfassend folgt: Technik ist Mittel zum Zweck stets nur in Form menschlicher Handlungen. Sie ist ergo kein instrumentelles Mittel und die Handlungen ihrer Akteure sind ergo keine instrumentellen Handlungen. Der technische Akteur muss sowohl seine Auswahl der Mittel als auch die durch ihn präjudizierten Zwecke an Wertsystemen orientieren und legitimieren. Zudem bestimmen zunehmend nicht mehr nur die Zwecke die Mittel, sondern die Mittel die Zwecke. Die Aussage „Technik ist Mittel zum Zweck", kann daher die Wertneutralitätsthese nicht stützen. Technik ist als gerätegestütztes zweckrationales Handeln an Werte gebunden und legitimationsbedürftig. Besonders deutlich wird dies im weltgestaltenden und kulturverändernden Wesen der Technik.

---

[22] Ebd., S. 17.

2.3.2 TECHNIK ALS WELTGESTALTENDES UND KULTURVERÄNDERNDES HANDELN

Wissenschaft und Technik dienen heute nicht mehr, wie noch in der vorindustriellen Zeit, der Herstellung von Werkzeugen. Auch sind sie *keine Zwecke an sich; sie sind das Mittel der Verwandlung der alten Welt*.[23] Sie haben die Gesellschaft des 19. Jhds. in eine Industriegesellschaft und die des 20. Jhds. in eine globale technische Kommunikationsgesellschaft gewandelt. *Inzwischen hat die Technisierung in ihrer weltweiten Gleichartigkeit* [die geschichtlichen und regionalen; jhf] *kulturellen Unterschiede vermindert und an deren Stellen Elemente einer einheitlichen Weltkultur gesetzt, die aber keine eindeutigen Sinnorientierungen vermittelt.*[24] Sie hat *die Weichen gestellt, wie sie* [unsere Kulturgesellschaft; jhf] *künftig sein kann, bis hin zu der äußersten Möglichkeit unserer Tage, daß sie sehr wohl auch nicht mehr sein kein*.[25] Es wird deutlich, dass Technik nicht nur eine technische, ökonomische und ökologische Dimension hat, sondern auch eine soziale, gesellschaftliche, kulturelle und politische. Technik ist ergo kein isoliertes Phänomen. Sie ist ein Knoten in einem Netz, das Mensch, Kultur, Gesellschaft und Natur als weitere Knotenpunkte hat, die miteinander in einem *dichten Beziehungsgeflecht* stehen.[26] Zerstört der Mensch durch unreflektiertes technisches Handeln dieses Netz, so zerstört er seine eigene Existenzgrundlage. Ingenieure sollten daher *ihre Probleme in größeren Zusammenhängen verstehen und sich eher als Kulturschöpfer [cultural designers] denn als begrenzte funktionsspezifische Instrumente der technischen Entwicklung ansehen.*[27] Nach ADORNO gibt es *keine technologische Aufgabe, die nicht in die Gesellschaft fällt.*[28] Dies impliziert, dass die

---

[23] MITTELSTRAß, a.a.O., S. 37.
[24] VDI (1991), a.a.O., S. 11.
[25] STRÖKER, Elisabeth: Verantwortungsethik: Was meint sie, was fordert sie, und was könnte sie leisten in unserer technisierten Welt? Eine philosophische Problemskizze. In: GETHMANN-SIEFERT, Annemarie; GETHMANN, Carl Friedrich (Hrsg.), a.a.O., S. 51.
[26] Vgl. ZIMMERLI, Walther Ch.: Wandelt sich die Verantwortung mit dem technischen Wandel? In: LENK, Hans; ROPOHL Günter (Hrsg.): Technik und Ethik. 2. Aufl., Stuttgart: Reclam, 1993, S. 93.
[27] MACCORMAC, Earl R.: Das Dilemma der Ingenieurethik. In: LENK, Hans; ROPOHL, Günter (Hrsg.), a.a.O., S. 232.
[28] ADORNO, Theodor W.: Über Technik und Humanismus. In: LENK, Hans; ROPOHL, Günter (Hrsg.), a.a.O., S. 23.

1 Wertneutralität – Ein Irrtum in der Technikdiskussion

technische Entwicklung hierbei als sozialer Prozeß begriffen wird, der prinzipiell gestaltungsfähig ist[29] und zwar *in weiten Grenzen*.[30] Die politische Dimension der Technik reflektieren u.a. HABERMAS und MARCUSE, die eine *Verschmelzung von Technik und Herrschaft*[31] begründen. Indem *Technik und Wissenschaft auch die Rolle einer Ideologie übernehmen,*[32] ist es möglich, dass sie *auch in das Bewußtsein der entpolitisierten Masse der Bevölkerung eindringen und legitimierende Kraft entfalten.*[33] HABERMAS sieht eine *neue, an technische Aufgaben ausgerichtete Politik, die praktische Fragen ausklammert.*[34] Damit projiziert er die oben widerlegte eigendynamische Kausalbeziehung zwischen Wissenschaft und Technik auch auf die Gesellschaft und die Politik. HABERMAS selbst zeigt aber, dass diese Kausalität falsch ist, denn *die Richtung des technischen Fortschritts hängt heute in hohem Maße von öffentlichen Investitionen ab*[35] und ist *weithin durch gesellschaftliche Interessen bestimmt.*[36]

Technik und Mensch sind Teil der Kultur und indem Technik die Kultur gestaltet, verändert sie notwendig auch den Menschen. Die moderne Technik ermöglicht, *daß sich die Natur des Menschen ebenso verändern läßt wie die physische und die gesellschaftliche Welt. Wie die physische und die gesellschaftliche Welt wird auch der Mensch mehr und mehr zu einem Artefakt.*[37] HABERMAS nennt dies die *Selbstobjektivation*[38] oder *Selbstverdinglichung des Menschen*[39] zu einem *homo fabricatus*.[40] Mit Beginn des 21. Jhds. hat diese Selbstverdinglichung eine neue Dimension angenommen, insbesondere durch die Gen- und Informationstechnik. Beide Techniken werden es dem Menschen prinzipiell ermöglichen, sich selbst in Artefakte zu transformieren. *Wir sind*, so MAGUIRE, *vielleicht die letzte Generation, die noch real und virtuell unterscheidet. In Zukunft werden Menschen mit*

---

[29] BRENNECKE, a.a.O., S. 51.
[30] VDI (Hrsg., 1997), a.a.O., S. 39.
[31] HABERMAS, a.a.O., S. 54.
[32] Ebd., S. 79.
[33] Ebd., S. 81.
[34] Ebd., S. 83.
[35] Ebd., S. 116.
[36] Ebd., S. 117.
[37] MITTELSTRAß, a.a.O., S. 31.
[38] HABERMAS, a.a.O., S. 97.
[39] Ebd., S. 82.
[40] Ebd.

III Reflexionen über Technik

elektronischen Neuroimplantaten sich selbst ins Netz laden können und damit eine Existenz im Computernetz führen. Die ins Netz heruntergeladenen Entitäten werden ein eigenes Leben entwickeln. Vielleicht liegt so die Zukunft des Menschen im Cyberspace und nicht mehr in unseren biologischen Körpern.[41] Damit wird der Mensch zu einem informationstechnischen Artefakt. Aber auch gentechnisch erzeugte menschliche Artefakte, beispielsweise ein menschlicher Klon oder gar eine genetische Neukonstruktion des Menschen, sind denkbar. Es scheint nur noch eine Frage der Zeit zu sein, bis die seit Beginn der Menschheit gültige Aussage, *Kinder treten* [...] *in die menschliche Gesellschaft als deren geborene Mitglieder ein und nicht als Geschöpfe anderer Menschen,*[42] ihre erste empirische Widerlegung findet. Diese beiden Visionen, zu dessen technischer Realisierung die Grundbausteine bereits heute vorhanden sind, verdeutlichen das enorme welt- und kulturgestaltende Potential der Technik. Sie zeigen auch, dass eine *Technisierung unserer Verhältnisse nicht auch schon deren Humanisierung bedeutet.*[43] Ein unreflektiert eigendynamisch ablaufender technischer Fortschritt ist daher moralisch nicht verantwortbar. Da es letztendlich immer der Mensch ist, der durch sein technisches Handeln seine Kultur und eigene Natur verändert, geht es hierbei *nicht um Technikfolgenabschätzung, sondern um Handlungsfolgenschätzung, d.h. um Fragen der Gestaltung unserer Kultur.*[44] Somit geht es auch um *Kulturfolgenabschätzung, wenn man sich deutlich macht, daß Wissenschaft und Technik Ausdruck der rationalen Kultur moderner entwickelter Gesellschaften sind.*[45] Es ist aber nicht nur unsere eigene Kultur, die wir technisch verändern. Durch die globalen und langfristigen Folgen und Nebenfolgen der modernen Technik, beeinflussen wir auch die Kulturen anderer Länder und die künftiger Generationen. Nichtintendierte und unerwünschte Technikfolgen, die die Form beträchtlicher Schäden annehmen können, wirken sich also nicht nur auf die unmittelbaren Nutznießer der Technik aus,

---

[41] MAGUIRE, Gerald Q. Jr.: Der Stecker zum Gehirn - Gedanken aus dem Computer. Vortrag im Rahmen des Symposiums "Szenarien für morgen - Homo ex machina? Düsseldorf: Wissenschaftszentrum Nordrhein-Westfalen, 12. Dezember 2001.
[42] SPAEMANN, Robert: Das Glück des Menschen und seine Verantwortung für die Natur - Aspekte einer angewandten Ethik. Kurs 03334 der FernUniversität in Hagen. Hagen: 1988, S. 85.
[43] MITTELSTRAß, a.a.O., S. 38.
[44] GETHMANN, Carl Friedrich; GETHMANN-SIEFERT, Annemarie, a.a.O., S. 21.
[45] MITTELSTRAß, a.a.O., S. 35.

sondern im Extremfall auf alle Menschen, auch auf die noch nicht geborenen. Daher ist nach GETHMANN technisches Handeln einerseits ein *Handeln unter Bedingungen der Unsicherheit*, also ein *Handeln unter Risiko*, und anderseits ein *Handeln unter Bedingungen der Ungleichheit*.[46] Dabei ist zu beachten, dass nicht nur Handeln, sondern auch Nichthandeln Folgen mit kultur- und weltveränderndem Charakter haben kann.

2.4 Ist Technik eine isolierte Welt?

Die Wertneutralitätsthese vertritt die Ansicht, dass Technik ein geschlossenes System bildet, also eine Art isolierte Welt, auf die außertechnische Faktoren keinen Einfluss haben. Jedoch ist dieses idealisierte Technikbild, dass allein durch technische Aspekte wie Funktionsfähigkeit geprägt ist, eine zu starke Abstraktion, die nicht der Realität entspricht. Technik ist immer Teil eines offenen komplexen Systems, in dem technische, ökonomische, ökologische, soziale, kulturelle und politische Subsysteme sich gegenseitig bedingen und beeinflussen. Keines dieser Subsysteme hat daher einen neutralen Status. Jede technische Entwicklung führt nicht nur zu den intendierten Folgen im Subsystem Technik, sondern auch zu nichtintendierten und unerwünschten Nebenfolgen in den anderen Subsystemen. So bescherte uns die Entwicklung des Automobils nicht nur ein Transportmittel, mit dem wir uns schneller zwischen zwei Orten bewegen können, sondern auch eine völlig neue Infrastruktur mit Autobahnen, Tankstellen, Tankschiffen, Ölbohrungen und Verkehrspolizisten.[47] Da bereits in den vorigen Abschnitten bewiesen wurde, dass dieses idealisierte Technikbild falsch ist, genügt hier eine Zusammenfassung:

Technik ist keineswegs wertneutral, wie es die Wertneutralitätsthese behauptet. Alle ihre Argumente erwiesen sich als falsch. Als menschliche Handlung, die welt- und kulturgestaltend wirkt, ist Technik immer legitimationsbedürftig, wobei allgemeinverbindliche Wertsysteme den Maßstab zur Beurteilung ihrer Rechtfertigung bilden.

---

[46] GETHMANN, Carl Friedrich: Ethische Probleme der Verteilungsgerechtigkeit beim Handeln unter Risiko. In: GETHMANN-SIEFERT, Annemarie; GETHMANN, Carl Friedrich (Hrsg.), a.a.O., S. 61.
[47] Vgl. RAPP (1994), a.a.O., S. 69.

III Reflexionen über Technik

Die sich nun stellende Frage, ist also nicht mehr ob Werte in technischen Entwicklungen eine Rolle spielen oder nicht, sondern welche Werte für technische Handlungen verbindlich sind und welchen Beitrag hierzu die Ethik leisten kann. Denn *nicht die Lösung der technischen, sondern der ethischen Probleme wird unsere Zukunft bestimmen.*[48]

3   TECHNIK UND WERTE

Was sind Werte und wozu dienen sie? Nach HUBIG kann der Wertbegriff als Beurteilungskriterium für Handlungen dienen, als Imperativ verstanden werden oder auf Objekte bezogen werden, indem man diesen einen Eigenwert zuspricht.[49] Im Rahmen dieses Essays fungiert der Wertbegriff ausschließlich in seiner zuerst genannten Bedeutung, also als Kriterium zur Beurteilung der Moralität menschlicher, technischer Handlungen. Er ist damit ein rein handlungs- und kein objektbezogener Wertbegriff. Technische Mittel wie Maschinen, Verfahren und Rohstoffe, technische Artefakte aber auch die Zwecke technischer Handlungen haben daher per definitionem keinen Wert an sich; sie sind wertneutral. Dagegen sind die Auswahl und der Einsatz von Mitteln, die Festsetzung und Verfolgung von Zwecken sowie die Herstellung und Nutzung technischer Artefakte zweifellos menschliche Handlungen, die an Wertemaßstäben zu orientieren und zu legitimieren sind. Sie sind somit keineswegs wertneutral. Zwischen Technik als menschlicher Handlung und den Mitteln, Artefakten und Zwecken besteht also ein kategorialer Unterschied. Ein Gerät kann funktionieren oder nicht, aber es kann nicht gut oder schlecht sein. Dies kann nur die auf das Gerät bezogene menschliche Handlung sein.

Werte ermöglichen Handlungen als gut oder schlecht zu beurteilen. Dabei ist jedoch Vorsicht geboten, denn die Attribute gut und schlecht haben eine moralische und außermoralische Bedeutung. Letztere, wie gute Musik und gutes Essen, gibt nur den instrumentellen, funktionalen Sinn der Handlung wieder. Sie besagt für was etwas gut

---

[48] SACHSSE, Hans: Ethische Probleme des technischen Fortschritts. In: LENK, Hans; ROPOHL, Günter (Hrsg.), a.a.O., S. 50 u. 51.
[49] Vgl. HUBIG, Christoph: Wertkonflikte in der Technikbewertung. In: GETHMANN-SIEFERT, Annemarie; GETHMANN, Carl Friedrich (Hrsg.), a.a.O., S. 94 ff.

1 Wertneutralität – Ein Irrtum in der Technikdiskussion

ist. Eine moralisch gute Handlung ist aber nicht um eines anderen willen gut, sondern gut in sich selber. KANT erläutert dies in anschaulicher Weise am Beispiel des guten Willens: *Der gute Wille ist nicht durch das, was er bewirkt oder ausrichtet, nicht durch seine Tauglichkeit zu Erreichung irgend eines vorgesetzten Zweckes, sondern allein durch das Wollen, d.i. an sich gut.*[50] Für technisches Handeln ist diese Gesinnungsethik jedoch allein nicht ausreichend, da ein noch so guter Wille niemanden davon befreit, für unerwartete und nichtintendierte Handlungsfolgen Verantwortung zu tragen. Technisches Handeln ist daher immer auch ein Gegenstand der *Verantwortungs-* und damit der *Zukunftsethik*.[51]

Nun kann man sich auf den Standpunkt stellen, dass eine auf Werte gründende Rechtfertigung technischer Handlungen keine Bedeutung zukommt, da alle Werte und jede Moral bedingt und daher relativ sind (moralischer Relativismus).[52] Nur wenn es unbedingte Werte und Normen gäbe, also eine Art Moral- oder Wertprinzip, könnten verbindliche Technikbewertungen durchgeführt werden. Solange wir aber dieses unbedingte Prinzip nicht kennen, sei dies nicht möglich, da Bewertungen, die auf bedingten Alltagsmoralen und Werten gründen, sich als falsch erweisen könnten. Was soll der Mensch tun? Verzichtet er in Anbetracht fehlender Moral- und Wertprinzipien auf Rechtfertigungen und Bewertungen, so würde dies in eine chaotische Welt münden, denn alles wäre erlaubt. Der Mensch ist daher auf Moral und Werte angewiesen. Da er aber als bedingtes Wesen das wahre Gute und die wahren Werte nicht zu erkennen vermag und nicht mal die Gewissheit haben kann, dass es diese überhaupt gibt, muss er selbst vernünftige moralische Regeln und Wertsysteme schaffen, auch wenn diese nur einen provisorischen Status haben.[53] DESCARTES beschreibt diese Notwendigkeit anschaulich in seiner Häuser-Metapher: *Ehe man das Haus, in dem man wohnt, von neuem aufzubauen beginnt, muß man es nicht bloß niederreißen und*

---

[50] KANT, Immanuel: Grundlegung der Metaphysik der Sitten. Stuttgart: Reclam, 2000, S. 29.
[51] STRÖKER, a.a.O., S. 43 ff.
[52] Eine Übersicht über die verschiedenen Formen des moralischen Relativismus findet sich z.B. in HEIDEMANN, Dietmar H.: Ethik ohne Theorie. Zum Problem der Moralbegründung. Stuttgart: frommann-holzboog, Allgemeine Zeitschrift für Philosophie, AZP 28.2. 2003, S. 150 ff.
[53] Vgl. HUBIG, Christoph: Werte und Wertkonflikte. In: RAPP (Hrsg., 1999), a.a.O., S. 26.

III Reflexionen über Technik

sich Material und Bauleute besorgen oder sich selbst in der Baukunst üben und außerdem auch den Grundriß sorgfältig gezeichnet haben, sondern man muß auch ein anderes Haus haben, wo man solange, als hier gearbeitet wird, bequem wohnen kann. Um also in meinen Handlungen nicht unentschlossen zu bleiben, solange die Vernunft mich verpflichten würde, es in meinen Urteilen zu sein, und um so glücklich wie möglich weiterzuleben, bildete ich mir vor der Hand eine Moral nur aus drei oder vier Grundsätzen.[54] Der Mensch ist aber nicht nur vorübergehend auf provisorische Moral- und Wertsysteme angewiesen, sondern seine Moral und seine Werte werden notwendig immer nur provisorischen Charakter haben. Denn der Mensch ist als Teil des Ganzen ein bedingtes Wesen, das nicht in der Lage ist, die Wahrheit vollständig zu ergründen. Werte sind stets das Ergebnis menschlicher Übereinkunft *oder individueller und sozialer Entwicklungsprozesse, die sich in der Auseinandersetzung mit natürlichen, gesellschaftlichen und kulturellen Bedingungen vollziehen.*[55] In Analogie zum positiven Recht und zum transpositiven Rechtsprinzip, können wir also auch im Bereich der Moral zwischen positiven, also von Menschen gesetzten Werten und einem transpositiven Wertprinzip unterscheiden.[56] Im Kontext Technik dienen Werte der Beurteilung geplanter oder bereits vollzogener technischer Handlungen, d.h. zur Technikbewertung. Doch welche Werte sind es, an denen sich Entscheidungsträger und technische Akteure orientieren sollen?

3.1 GRUNDWERTE

Die VDI-Richtlinie 3780 empfiehlt acht Grundwerte: Funktionsfähigkeit, Wirtschaftlichkeit, Wohlstand, Sicherheit, Gesundheit, Umweltqualität, Persönlichkeitsentfaltung und Gesellschaftsqualität. Diese sind in einem Werteoktogon zusammengefasst und in weitere Unterwerte unterteilt.[57] Insgesamt ergibt sich damit ein Wertpluralismus. Darüber hinaus sind Wertsysteme nicht beständig. Sie unterliegen einem

---

[54] DESCARTES, René: Abhandlung über die Methode des richtigen Vernunftgebrauchs. Stuttgart: Reclam, 1961, S. 22.
[55] VDI (1991), a.a.O., S. 4.
[56] Vgl. KERSTING, Wolfgang: Kants Rechts-, Staats- und Geschichtsphilosophie. Kurs 3332 der FernUniversität in Hagen. Hagen: 1988, S. 18.
[57] VDI (1991), a.a.O., S. 7 ff.

1 Wertneutralität - Ein Irrtum in der Technikdiskussion

historischen Wandel; neue Werte treten hinzu oder bestehende Werte verlieren oder gewinnen an Bedeutung. *So bestimmen im historischen Prozeß Wertsysteme die technische Entwicklung und werden umgekehrt von ihr und ihren Folgen selbst beeinflußt.*[58] Nach PIEPER kennen wir heute *trotz der Vielfalt an Werten in den verschiedenen Dimensionen unserer Lebenswelt nur noch einen Grundwert: den des Profits. Der Wertbegriff hat sein qualitatives Moment verloren und wird nur noch auf quantifizierbare Gegenstände bezogen.*[59] Im Grenzfall führt dieser für die heutige Zeit charakteristische Werteverfall in ein mit Sinnkrisen verbundenes *Wertevakuum*.[60] Für PIEPER ist dies *ein Abstieg vom homo sapiens über den homo faber und den homo oeconomicus zum homo consumens.*[61] Gehen die Werte verloren, so geht auch die Moral verloren. Damit wird aber auch die philosophische Ethik hinfällig, denn mit der Moral verliert sie ihren wissenschaftlichen Gegenstand.

Werte können nicht auf Sachaussagen bezogen werden, denn solche können weder gut noch schlecht, sondern nur wahr oder falsch sein. Es widerspricht den Regeln der Logik, aus faktischen Sachaussagen normative Regeln zu deduzieren (naturalistischer Fehlschluss), was zudem einem Technokratismus gleichkäme. *Es kann*, so HUNING, *keine rein technischen Antworten auf rein ethische Fragestellungen geben.*[62] Folglich können Ingenieure und Naturwissenschaftler zwar sagen, was ist und was wir prinzipiell tun können aber nicht was wir tun sollen. Als naturalistischer Fehlschluss erweist sich beispielsweise auch die Ableitung der normativen Rechtfertigung zur Herstellung risikobehafteter technischer Geräte aus einer empirisch ermittelten faktischen Risikobereitschaft des Menschen.[63] Unter diesen Gesichtspunkten kann auch der VDI-Richtlinie 3780 ein naturalistischer Fehlschluss attestiert werden, da sie ihre normativen Aussagen auf Werte bezieht, die ihre Legitimation aus ihrer überwiegenden gesellschaftlichen Akzeptanz erhalten und somit auf empirischen Daten

---

[58] Ebd., S. 7.
[59] Vgl. PIEPER, a.a.O., S. 70.
[60] KICK, Hermes Andreas: Wertewandel und institutionelle Krise: Konstruktivismus als Chance und Risiko der Wirklichkeitserfassung und - gestaltung. In: BECKERS, Eberhard u.a. (Hrsg.): Pluralismus und Ethos der Wissenschaft, Frankfurt/Main: 1. Symposium des Professorenforums, 28./29. März 1998, S. 38.
[61] PIEPER, a.a.O., S. 69.
[62] HUNING, Alois: Technik und Menschenrechte. In: LENK, Hans; ROPOHL, Günter (Hrsg.), a.a.O., S. 253.
[63] Vgl. GRUNWALD, a.a.O., S. 138.

gründen. Die Werte werden jedoch nicht durch einen rationalen ethischen Rekurs auf ein Unbedingtes begründet. Dieser Fehlschluss wird von ROPOHL mit dem Argument bestritten, dass die VDI-Richtlinie gar nicht den Anspruch erhebt, die Werte der Richtlinie zu begründen.[64] Der Vorwurf des Fehlschlusses wird damit allerdings nicht abgewiesen. Das Werteoktogon bleibt eine unsichere Prämisse ohne Evidenz, demzufolge die Richtlinie selbst, sofern sie sich auf die Werte des Oktogons bezieht, die logische Form einer materialen Implikation annimmt.

Die acht Grundwerte der VDI-Richtlinie 3780 stehen miteinander im Konflikt. Zusätzlich stehen die in diesen Werten ausdifferenzierten Unterwerte in einem Binnenkonflikt. Zur rationalen Lösung der Konflikte sind Präferenzen und Kriterien nötig, die zu rechtfertigen sind. Als eine Möglichkeit zur Konfliktlösung schlägt HUBIG den Rekurs auf Basiswerte vor, die den miteinander konfligierenden Grundwerten übergeordnet sind.

3.2 BASISWERTE

Für HUBIG gibt es zwei Gruppen von Basiswerten, die *Vermächtnis-* und *Optionswerte* als *höherstufige Regeln*.[65] Die Vermächtniswerte umfassen die Voraussetzungen dafür, dass ein Subjekt sich selbst identifizieren kann und sich damit seiner eigenen Identität, seinem Ich, bewusst wird. D.h., *die Berücksichtigung von Vermächtniswerten garantiert die Identitätsbildung von Handlungssubjekten.*[66] Nur unter dieser Voraussetzung kann der Mensch für seine Handlungen Verantwortung übernehmen. Die Optionswerte eröffnen dem Subjekt den für Handlungen notwendigen Spielraum, denn nur solange der Mensch eine Auswahl an Handlungsoptionen hat, kann er sich frei für eine dieser Optionen entscheiden. D.h., *die Berücksichtigung von Optionswerten garantiert die Zukunftsfähigkeit von Handlungskompetenz.*[67] Ist der Spielraum derart eingeengt, dass nur noch

---

[64] ROPOHL, Günter: Aufnahme und Wirkung der Richtlinie. In: RAPP (Hrsg., 1999), a.a.O., S. 13.
[65] HUBIG (2000), a.a.O., S. 107 ff.
[66] HUBIG (1999), a.a.O., S. 24.
[67] Ebd.

wenige oder gar nur eine Handlungsoption besteht, kann von einer autonomen Handlung nicht mehr gesprochen werden, sondern nur noch von einer heteronomen Handlung unter Sachzwängen. Hinsichtlich der Basiswerte liegt die Frage nahe, ob diese tatsächlich die obersten Werte darstellen oder ob es ein übergeordnetes Prinzip gibt, aus denen beide Basiswerte deduziert werden können? Meines Erachtens lautet die Antwort ja, denn das ethische Prinzip der Freiheit erweist sich als ein solches allgemeines und unbedingtes Prinzip.

3.3 Das Prinzip Freiheit

Im Gegensatz zur Moral erteilen Moralprinzipien keine konkreten Gebote oder Verbote, wie „Du sollst nicht lügen!" Sie sind ein normativer Maßstab für alle Gebote und Verbote und stehen über den situationsbedingten Handlungsanweisungen der vielfältigen Alltagsmoral. Moralprinzipien haben eine Kriteriumsfunktion und ermöglichen solche Anweisungen oder bereits vollzogene Handlungen bezüglich ihrer Moralität zu beurteilen. Gleiches gilt für bestehende Moralsysteme, Verhaltensnormen und Wertvorstellungen. Welche Moralprinzipien kennt die philosophische Ethik? Nach der neuzeitlichen Ethik erweist sich das Unbedingte aller moralischen Handlungen im Freiheitsprinzip. In diesem Prinzip hat Freiheit eine doppelte Bedeutung und zwar in dem Sinne, dass der Mensch aus Einsicht und Vernunft in freier Entscheidung seine eigene Freiheit begrenzt, um der Freiheit anderer willen. Indem er sich selbst (autonom) und ohne äußeren Einfluss (also nicht heteronom) Gesetze auferlegt und Grenzen setzt, um Freiheit zu verwirklichen und zu stärken, fördert er zugleich auch seine eigene persönliche Freiheit. Das Freiheitsprinzip der Ethik erweist sich in der Praxis als unbedingtes Kriterium zur Beurteilung, Begründung und Rechfertigung von Handlungen, die Anspruch auf Moralität erheben. Es bleibt aber die Aufgabe jedes Einzelnen, in der jeweiligen Situation konkrete moralische Handlungen nach dem Freiheitsprinzip zu beurteilen. Ob er diese Handlung dann im Sinne der Moralität ausführt oder nicht, bleibt seiner freien Entscheidung überlassen. Der Mensch wird durch das Freiheitsprinzip nicht fremdbestimmt und somit nicht gezwungen so oder so zu handeln. Wäre dies anders und würde das Freiheitsprinzip einen Menschen dazu nötigen, eine bestimmte Handlung auszuführen, so wäre dies im höchsten Maße unmoralisch und das Freiheitsprinzip könnte nicht länger als Prinzip aller Moral fungieren. Es würde sich selbst widersprechen. Unfreie Handlungen und moralische Handlungen stehen im Gegensatz zueinander. Denn moralisch kompetent ist eine Handlung nur, wenn sie aus Einsicht, auf eigenen Überlegungen gründend, frei und somit eben nicht fremdbestimmt erfolgt. Moralische Kompetenz erfordert die Autonomie des handelnden Subjekts und den Willen, seine Handlung moralisch zu verantworten. Heteronome Handlungen zeugen dagegen nicht von moralischer Kompetenz. Einem anderen Menschen helfen, nur weil man es muss, ist keine moralische Handlung.

Nach diesen Vorüberlegungen ist es leicht, den Zusammenhang zwischen dem Freiheitsprinzip und den Vermächtnis- und Optionswerten herzustellen. Gemäß dem Freiheitsprinzip sollen Handlungen erstens frei (autonom) aus eigener Einsicht heraus erfolgen. Nun ist es evident, dass die Bedingung zur Möglichkeit autonomer Handlungen Subjekte sind, die einen eigenen Willen aufweisen, also eine Identität, ein Ich haben. Das Freiheitsprinzip gebietet also, z.B. durch entsprechende Erziehung, autonome Menschen heranzubilden, ihnen also Vermächtniswerte zu schaffen. Zweitens sollen nach dem Freiheitsprinzip unsere Handlungen die Freiheit anderer zum Ziel haben. Dies impliziert, dass die Freiheit anderer nicht begrenzt werden darf. Diese Forderung des Freiheitsprinzips wird durch Handlungen erfüllt, die den Handlungsspielraum anderer nicht einengt, ihnen also Optionswerte zubilligt, die ihnen eine freie Auswahl zwischen Handlungsoptionen ermöglicht. Reduziert unsere Handlung die Handlungsalternativen anderer, z.B. diejenigen künftiger Generationen, oder begrenzen wir ihren Handlungsspielraum derart, dass sie nur noch zwischen Übeln entscheiden können, so ist das Freiheitsprinzip verletzt. Vermächtnis- und Optionswerte lassen sich also auf das Freiheitsprinzip rekurrieren und damit ethisch legitimieren. Beide Werte sind damit im Gegensatz zu den Grundwerten des Werteoktogons empiriefrei und allein durch die praktische Vernunft begründet.

1 Wertneutralität - Ein Irrtum in der Technikdiskussion

3.4 Philosophische Ethik und Technikethik

Was ist Ethik? Zunächst einmal gilt: Ethik und Moral sind nicht dasselbe, auch wenn beide Begriffe im Alltag häufig synonym verwendet werden. Gleiches gilt für die beiden Begriffe ethisch und moralisch. Die philosophische Ethik ist eine Subdisziplin der praktischen Philosophie und damit ebenso wie sie eine wissenschaftliche Disziplin. Nun hat jede Wissenschaft ihren spezifischen Gegenstand, dem sie ihr wissenschaftliches Interesse widmet. Der wissenschaftliche Gegenstand der Ethik ist die Moral. Sie muß man besitzen, sie ist eine Angelegenheit der Praxis, Ethik muß man kennen, sie ist eine Angelegenheit der Theorie.[68] Die theoretische Aufgabe der Ethik ist es, das Prinzip der Moral, die Moralität, zu ergründen und darzustellen. Obwohl ihr Gegenstand die moralischen Handlungen des Menschen sind, sind es doch nicht die konkreten und vielfältigen bedingten Einzelhandlungen, die sie betrachtet, auch wenn sie hieraus ihr empirisches Material gewinnt. Ihr Interesse gilt dem Unbedingten im Bedingten, also demjenigen unbedingten Moralitätsprinzip, dem alle moralischen Handlungen zugrunde liegen. Moralprinzipien, wie das oben explizierte ethische Freiheitsprinzip, ermöglichen konkrete Handlungsanweisungen, Verhaltensnormen, Wertvorstellungen und Moralsysteme zu rechtfertigen und ethisch zu begründen. Als eine Wissenschaft löst die philosophische Ethik ihre Aufgaben, ebenso wie jede andere Wissenschaft, in systematischer und methodischer Weise. Ihre Ergebnisse müssen dem Anspruch auf Rationalität und Transsubjektivität genügen, d.h. sie müssen prinzipiell von jedermann überprüfbar sein. Es ist nicht die Aufgabe der philosophischen Ethik, konkrete Anweisungen für moralische Handlungen zu erteilen und anschließend zu überwachen, dass diese auch eingehalten werden. Es bleibt der Freiheit des Einzelnen überlassen, sich an moralischen Maßstäben zu orientieren oder nicht, sei es nun das Freiheitsprinzip, KANTs kategorischer Imperativ,[69] die goldene Regel oder das ähnlich lautende Bibelwort.[70]

---

[68] BECKMANN, Jan P.: Vom Nutzen und von den Grenzen von Ingenieur-Codices. In: GETHMANN-SIEFERT, Annemarie; GETHMANN, Carl Friedrich (Hrsg.), a.a.O., S. 199.
[69] KANT, a.a.O., S. 68: *Handle nur nach derjenigen Maxime, durch die du zugleich wollen kannst, daß sie ein allgemeines Gesetz werde.*
[70] Z.B. Matthäus 7, 12.

III Reflexionen über Technik

All dies gilt auch für die zahlreichen angewandten Ethiken, wie Bioethik, Medizinethik, Wissenschaftsethik, Wirtschaftsethik, Sozialethik, Medienethik, Umwelt- bzw. Ökoethik und Technikethik. So ist es nicht die Aufgabe der Technikethik konkrete Handlungsanweisungen auszusprechen, z.B. Kochrezepte für eine Technikbewertung aufzustellen oder in Konfliktfällen konkrete Lösungen zu benennen. Dies ist vielmehr eine gesellschaftliche und politische Aufgabe. *Ethik ist keine Supermoral* [71] und auch nicht die Technikethik. Sie kann aber der Technikdiskussion den notwendigen begrifflichen Unterbau und das theoretische Fundament liefern, um technische Handlungen moralisch zu bewerten, zu beurteilen und zu begründen. Hierzu gehört auch *die Ausbildung von Normen spezifischen, gerätegestützten zweckrationalen Handelns,*[72] die dem Anspruch auf allgemeine Zustimmung bzw. dem *Verallgemeinerbarkeitsprinzip*[73] und der Transsubjektivität genügen, d.h. sie dürfen nicht partikulär und subjektiv sein. Hierin liegt die Stärke einer Technikethik. In Anbetracht der kulturverändernden Kraft der Technik, ist dabei *in der Ethik der Technik primär nicht nach dem Nutzen, sondern nach der Kulturfunktion der Technik zu fragen.*[74] Aber auch eine Technikethik kann das einzelne oder kollektive Handlungssubjekt nicht von der Aufgabe entlasten, in partikulären Situationen seine Entscheidung selbst zu treffen, zu legitimieren und zu verantworten. Und sie kann *Gesellschaft und Politik Zukunftsentscheidungen nicht abnehmen.*[75] Problematisch in diesem Kontext ist, dass wir die Wertsysteme, Moralvorstellungen und Präferenzen künftiger Generationen nicht kennen.

4 RESÜMEE

Es wurde gezeigt, dass alle Argumente, die zur Stützung der Wertneutralitätsthese aufgeführt werden, falsch sind. Technik ist immer eine Form menschlichen Handelns, das zudem weltgestaltend und kulturverändernd wirkt. Damit gilt die bereits 1974 in der Karmel-Deklaration veröffentliche Aussage: *Kein Aspekt der Technik ist*

---

[71] PIEPER, a.a.O., S. 182.
[72] GETHMANN, Carl Friedrich; GETHMANN-SIEFERT, Annemarie, a.a.O., S. 12.
[73] GRUNWALD, a.a.O., S. 137.
[74] GETHMANN, Carl Friedrich, a.a.O., S. 173.
[75] GRUNWALD, a.a.O., S. 121.

1 Wertneutralität - Ein Irrtum in der Technikdiskussion

moralisch gesehen neutral - No technology is morally neutral.[76] Ohne Ausnahme ist also jede technische Handlung an Wertmaßstäben zu messen, an Normen zu orientieren und zu legitimieren. Die Vielfalt von Werten ist dabei Ursache von Konflikten, die durch einen Rekurs auf übergeordnete Basiswerte teilweise gemildert werden können. Es wurde nachgewiesen, dass solche Basiswerte empiriefrei aus dem ethischen Prinzip der Freiheit deduziert werden können.

Ein verantwortungsvoller Umgang mit der ambivalenten Technik fordert, Mensch und Natur nicht als instrumentelle Objekte zu gebrauchen. *Statt Natur als Gegenstand möglicher technischer Verfügung zu behandeln, können wir,* so HABERMAS, *ihr als Gegenspieler einer möglichen Interaktion begegnen. Statt der ausgebeuteten Natur können wir die brüderliche suchen*[77] und mit ihr *kommunizieren, statt sie, unter Abbruch der Kommunikation, bloß zu bearbeiten.*[78] Gleiches gilt auch für die menschliche Natur. Bedingung für diese Möglichkeit ist aber, dass zunächst *die Menschen zwanglos kommunizieren und jeder sich im andern erkennen* [79] lernt. Ich möchte diesen Essay mit einem Zitat von LEIBNIZ schließen, der bereits im 17. Jhd. Kritik an der rein mechanistischen Naturauffassung HOBBES' und an der leblosen res extensa DESCARTES' übte, der sich der Entelechien des ARISTOTELES' besann und erkannte, *daß es in dem kleinsten Materieabschnitt eine Welt von Geschöpfen, Lebewesen, Tieren, Entelechien, Seelen gibt. Jeder Materieabschnitt kann als ein Garten voll von Pflanzen verstanden werden; und als ein Teich voll von Fischen. Aber jeder Zweig der Pflanze, jedes Glied des Tieres, jeder Tropfen seiner Säfte ist ein solcher Garten oder ein solcher Teich.*[80]

---

[76] Die Karmel-Deklaration über Technik und moralische Verantwortung. In: LENK, Hans; ROPOHL, Günter (Hrsg.), a.a.O., S. 316. Die englische Version findet sich z.B. unter www.arjay.ca/EthTech/Text/Ch3/ CH3.6.html.
[77] HABERMAS, a.a.O., S. 57.
[78] Ebd.
[79] Ebd.
[80] LEIBNIZ, Gottfried Wilhelm: Philosophische Schriften, Band 1, Kleine Schriften zur Metaphysik, 2. Aufl. (Hrgs. und übers. von Hans Heinz Holz). Frankfurt am Main: Suhrkamp, 2000, S. 471.

III Reflexionen über Technik

5 LITERATUR

[1] ARENDT, Hannah: Vita activa oder Vom tätigen Leben. München: Piper, 1967, Taschenbuchsonderausgabe 2002, ISBN 3-492-23623-5.

[2] ARISTOTELES: Nikomachische Ethik (Übers. von Eugen Rolfes, bearb. von Günther Bien). Philosophische Schriften in sechs Bänden, Band 3, Hamburg: Meiner, 1995, ISBN 3-7873-1243-9.

[3] DESCARTES, René: Über die Methode des richtigen Vernunftgebrauchs. Stuttgart: Reclam Universal-Bibliothek Nr. 3767, 1961, ISBN 3-15-003767-0.

[4] GETHMANN-SIEFERT, Annemarie; GETHMANN, Carl Friedrich (Hrsg.): Philosophie und Technik. München: Fink, 2000 (Neuzeit und Gegenwart), ISBN: 3-7705-3486-7.

[5] HABERMAS, Jürgen: Technik und Wissenschaft als >Ideologie<: Frankfurt, 1969, Suhrkamp, ISBN 3-518-10287-7.

[6] HEIDEMANN, Dietmar H.: Ethik ohne Theorie. Zum Problem der Moralbegründung. Stuttgart: frommann-holzboog, Allgemeine Zeitschrift für Philosophie, AZP 28.2. 2003, S. 150 ff.

[7] HOBBES, Thomas: Leviathan. Stuttgart: Reclam Universal-Bibliothek Nr. 8348, 2000, ISBN 3-15-008348-6.

[8] HUBIG, Christoph; HUNING, Alois; ROPOHL, Günter (Hrsg.): Nachdenken über Technik. Die Klassiker der Technikphilosophie. 2. Aufl., Berlin: Ed. Sigma, 2001, ISBN 3-89404-952-9.

[9] JANICH, Peter: Die Konstruktive Wisseschaftstheorie. Kurs 3369 der FernUniversität in Hagen. Hagen: 1994.

[10] KANT, Immanuel: Grundlegung zur Metaphysik der Sitten. Stuttgart: Reclam Universal-Bibliothek Nr. 4507, 2000, ISBN 3-15-004507-X.

[11] KERSTING, Wolfgang: Kants Rechts-, Staats- und Geschichtsphilosophie. Kurs 3332 der FernUniversität in Hagen. Hagen: 1988.

[12] KICK, Hermes Andreas: Wertewandel und institutionelle Krise: Konstruktivismus als Chance und Risiko der Wirklichkeitserfassung und - gestaltung. In: BECKERS, Eberhard u.a. (Hrsg.): Pluralismus und Ethos der Wissenschaft, S. 33-45. Frankfurt/Main: 1. Symposium des Professorenforums, Verlag des Professoren Forums, 28./29. März 1998.

[13] LEIBNIZ, Gottfried Wilhelm: Philosophische Schriften, Band 1, Kleine Schriften zur Metaphysik, 2. Aufl. (Hrsg. und übers. von Hans Heinz Holz). Frankfurt am Main: Suhrkamp, 2000, ISBN 3-518-28864-4.

[14] LENK, Hans; ROPOHL, Günter (Hrsg.): Technik und Ethik, 2. Aufl., Stuttgart: Reclam Universal-Bibliothek Nr. 8395, 1993, ISBN 3-15-008395-8.

1 Wertneutralität - Ein Irrtum in der Technikdiskussion

[15] MAGUIRE, Gerald Q. Jr.: Der Stecker zum Gehirn - Gedanken aus dem Computer. Vortrag im Rahmen des Symposiums "Szenarien für morgen - Homo ex machina." Düsseldorf: Wissenschaftszentrum Nordrhein-Westfalen, 12. Dezember 2001.

[16] PIEPER, Annemarie: Einführung in die Ethik, 4. Aufl., Tübingen: Francke (UTB), 2000, ISBN 3-8252-1637-3.

[17] RAPP, Friedrich: Die Dynamik der modernen Welt. Hamburg: Junius, 1994, ISBN 3-88506-244-5.

[18] RAPP, Friedrich (Hrsg.): Aktualität der Technikbewertung - Erträge und Perspektiven der Richtlinie VDI 3780. VDI Report 29, Düsseldorf: 1999, ISBN 3-931384-24-1.

[19] SPAEMANN, Robert: Das Glück des Menschen und seine Verantwortung für die Natur - Aspekte einer angewandten Ethik. Kurs 3334 der FernUniversität in Hagen. Hagen: 1988.

[20] VDI: VDI-Richtlinie 3780 Technikbewertung - Begriffe und Grundlagen. Berlin: Beuth, 1991.

[21] VDI (Hrsg.): Technikbewertung - Begriffe und Grundlagen. Erläuterungen und Hinweise zur VDI-Richtlinie 3780. VDI Report 15, Düsseldorf, 1997, ISBN 3-931384-09-8.

2 Elemente einer Kritik der dinglichen Vernunft (Rotermundt)

Um es gleich vorweg zu sagen: Es geht hier nicht um eine Kritik im landläufigen Sinne, d.h. der Autor hat nicht die Absicht, sich in irgendeiner moralischen oder moralisierenden Weise über das zu erregen, was er „dingliche Vernunft"[1] nennt. Moralische Empörung bildet zwar den Anlass des vorliegenden Unternehmens, nicht aber seinen Inhalt. „Kritik" soll vielmehr im ursprünglichen Sinne verstanden werden als *Bestimmung*, und der Genitiv des Titels als subjectivus ebenso wie als objectivus gelesen werden. D.h. die Kritik der „dinglichen Vernunft" will bestimmen, was denn unter ihr zu verstehen sei, und sie will danach fragen, in welcher Weise die so genannte dingliche Vernunft möglicherweise zur kritischen Instanz ihrer selbst wird.

Bei der „dinglichen Vernunft", von der hier die Rede sein soll, handelt es sich um ein Geschehen innerhalb des menschlichen Denkens, in dem eine verbreitet in der Welt der Technik herrschende Ideologie von der Vernünftigkeit, der immanenten „Logik", der Technik auf Gesellschaft und Staat übertragen wird. Als Resultat eines verdinglichenden Denkens erscheint der Schein von Vernünftigkeit in den Dingen: „dingliche Vernunft". Sie wendet den Blick weg von der „menschlichen Vernunft" und ordnet Vernunft als dem anscheinend spezifisch Menschlichen, Subjektiven einem spezifisch dem Menschen Gegenüberstehenden, Objektiven zu.[2] Unabhängig davon, mit welchem Recht dies geschieht, können wir hier schon die erste gravierende Implikation dieser Umorientierung erkennen: Die Möglichkeit des Irrtums, die bekanntlich den Menschen auszeichnet, verschwindet, denn „Sachen" können nicht irren. Gleichwohl werden dieselben Sachen mit dem hohen Anspruch der Vernunft ausgestattet. Beides zusammengenommen begründet die scheinbar unangreifbare Position dinglicher Vernunft, denn nun paaren sich Humanum und Irrtumsfreiheit. Im Jargon ist dem entsprechend von „Sachzwang" die Rede.

---

[1] Nähme man es philosophisch genau, müsste man von Verstand im Unterschied zu Vernunft sprechen. Für eine genauere Differenzierung s. vom Autor: *Konfrontationen. Hegel, Heidegger, Levinas*, Würzburg (Königshausen & Neumann) 2006

[2] Die Tatsache, dass es sich dabei offenbar um einen selbstwidersprüchlichen Prozess handelt, hindert ihn – wie so viele andere - nicht daran, stattzufinden.

III Reflexionen über Technik

Jeder aber, der die Diskussionen der späten 60er Jahre mitgemacht hat, weiß, dass auf der Welt noch nie eine Sache gesichtet wurde, die irgendeinen Menschen zu irgendetwas gezwungen hätte.[3] Offenbar hindert diese durchaus schon in die Jahre gekommene Einsicht den „Sachzwang" heute nicht daran, fröhliche Urständ zu feiern. Seine Decknamen lauten u.a. „Globalisierung", „Standort", „Zukunft(sfähigkeit)", „Konkurrenz" und – last not least – „Markt". In all diesen Vokabeln feiert „dingliche Vernunft" Triumphe, denn sie alle unterstellen und suggerieren Zwänge jenseits jeglichen menschlichen Handelns und Wollens. Zwar wäre es auch im Sinne der Verbreiter derartiger Parolen naiv zu meinen, der Globus brächte es fertig, die Menschen zu etwas zu zwingen, oder der Ort, wo sie gerade stehen, oder die Zukunft, die keiner kennt. Vielmehr würde man belehrt, es handle sich wohl um gesellschaftliche Zwänge, wenngleich um solche, derer derselbe Mensch, der die Gesellschaft konstituiert, nicht mächtig sei. Wie das?

Nehmen wir die Sache ernst und beim Wort. Wie können sich Zwänge zwischen Menschen herstellen, derer dieselben Menschen nicht Herr zu werden vermögen? Darauf gibt es nur zwei mögliche Antworten: Entweder indem die Menschen etwas tun, dessen Ratio sie selbst nicht begreifen, d.h. indem sie sich jenseits ihres Bewusstseins selbst in Zwänge versetzen, oder indem sie einer transzendenten Macht ausgeliefert sind.[4] Die zweite Möglichkeit scheidet aus, weil die Menschheit, von der hier die Rede ist, sich bereits im Zeitalter der Post-Moderne wähnt, und weil das im geistlosen Geist des Sachzwangs Gedachte der Vernunft jeglichen transzendenten Bezug abschneidet.

So gelangen wir zu einem ersten Resultat: Es handelt sich um Zwänge, von Menschen ver-anstalt-et, doch nicht als die eigene Tat gewusst.[5] Dies Resultat ergibt die

---

[3] Vgl. zusammenfassend: Jürgen Habermas, *Technik und Wissenschaft als „Ideologie"*, Frankfurt/M. (Suhrkamp) 1969
[4] Die „Zwischenlösung" einer Teilung der Menschheit in Herrschende und Beherrschte, in denen mit Willen und Bewusstsein die einen von den anderen gezwungen werden, dürfen und müssen wir im 21. Jahrhundert für europäische Verhältnisse außer Acht lassen.
[5] Auf Dialektik dieser Art haben uns schon Hegel, Marx, Lukács und Heidegger hingewiesen.

2 Elemente einer Kritik der dinglichen Vernunft

Konfrontation „dinglicher Vernunft" *mit sich selbst.* Soweit würde das Resultat auch von den Vertretern der „Sachzwänge" noch akzeptiert. Die Differenz setzt ein, wenn es um die Frage nach Alternativen geht. Denn hier enthüllt der „Sachzwang" seine eigentliche Funktion als „Nachweis" der Alternativlosigkeit. Dies aber führt auf die Voraussetzung eines merk-würdigen Absoluten, denn denselben Menschen, die jenseits ihres Bewusstseins jene Zwangsanstalt errichten, wird nachgesagt, dazu keine Alternative zu haben, und das heißt: einer unwiderstehlichen transzendenten Macht ausgeliefert zu sein. So zeigen sich die erklärten Gegner aller von ihnen nachhaltig verachteten Metaphysik als Metaphysiker allerersten Grades. Was ist bloß geschehen, dass derartiges Gerede nachgerade als Schibboleth „modernen" Denkens durchgehen kann?

Damit aber noch nicht genug, denn ihr unwissentliches Voraussetzen impliziert noch weit mehr als bloße Begriffslosigkeit. Wir haben es mit einer Art von Religion zu tun. Was nämlich zeichnet Religionen aus? Der Glaube an eine über-menschliche Instanz, deren Anweisungen der Mensch zu folgen habe, die Annahme eines dem Bedingten zugrunde liegenden Unbedingten, das jedwedem menschlichen Zugriff entzogen sei, „das Gefühl der Verbundenheit, der Abhängigkeit, der Verpflichtung gegenüber einer geheimnisvollen haltgebenden und verehrungswürdigen Macht"[6]. Genau diese Bedingungen erfüllen heute „Markt" und Konsorten. Selbst die Verehrungswürdigkeit wird allgemein geteilt, schließlich gilt: extra mercatum nulla salus.

Hier ist das „Ende der Geschichte" erreicht, hier wird das große Freiheitsversprechen der Aufklärung konterkariert. Nichts bleibt dem Menschen mehr, als sich der „selbst"geschaffenen Transzendenz zu fügen und sich auf diese Weise zu dem Ding zu machen, das er nicht einmal unter voraufklärerischen Vorzeichen sein wollte; noch das niedrigste „Subjekt" galt als solches. Das „Subjekt" der „dinglichen Vernunft" dagegen degeneriert zur bloßen Gegenständlichkeit, sein Bewusstsein verdinglicht neben den menschlichen Beziehungen auch noch sich selbst; seine eigene Gesellschaft erscheint ihm in bloßer Gegenständlichkeit und letztlich erscheint es

---
[6] *Philosophisches Wörterbuch*, hg.v. G. Schischkoff, 22. Aufl. Stuttgart (Kröner), 1991

III Reflexionen über Technik

sich selbst als bloßes Ding wie jeder andere Motor auch. Aus der „zweiten" Natur wird auf diese Weise eine „erste" zweiter Instanz sozusagen. In dem einen Sinne trachtet solches Denken wissenschaftlich nach Sozialtechnologie und politisch nach widerspruchsloser Unterordnung, im anderen nach dem Aufspüren von Hirnbakterien, die Krankheiten aller Art (inklusive diverser politischer) erklär- und therapierbar machen.

Auch hier jedoch zeigt sich ein immanenter Widerspruch, der uns zu einem zweiten Resultat führt: Aus welchen Gründen bedürfen denn die Menschen der sozialen und politischen Steuerung bzw. der Therapie? Funktioniert die „dingliche Vernunft" nicht vernünftig? Oder laufen Einzelne aus ihrem Ruder? Wie aber sollte dies möglich sein? Warum muss man Menschen zu dem zwingen, wozu es keine Alternative gibt? Wie kommt es zu deren Uneinsichtigkeit?

Offenbar muss dieselbe „dingliche Vernunft", der die Synapsen gehorchen, „Störungen" des Nichtgehorchens bereithalten. Nehmen wir dies an, dann kann es nicht erlaubt sein, diese Störungen therapieren zu wollen, denn sie entstammen dem gegebenen Mechanismus nicht weniger als dessen „Normal"betrieb. Mit anderen Worten: Die Konfrontation der „dinglichen Vernunft" mit sich selbst führt zu einem Kernbestand des Bewusstseinsdinges, der traditionell Freiheit hieß. Konsequenz: Nur durch menschlichen Beschluss, d.h. durch die Wahrnehmung von Freiheit ließe sich der Versuch unternehmen, diese zu beseitigen.

Dass dieser Versuch gegenwärtig unternommen wird, macht die Gefahr aus, in der die „moderne" Menschheit lebt. Unglücklicherweise ist diesem Unternehmen nicht leicht zu begegnen. Denn der Appell ans Bewusstsein geht dort daneben, wo die Täter nichts von ihrer Tat wissen, d.h. wo die Ver-dinglichung jenseits allen Wissens sich vollzieht. Und eine ethischmoralische Berufungsinstanz steht auch nicht mehr zur Verfügung. Wo die gegebene Welt religiösen Kriterien genügt, bleibt kein Raum für einen Gott, der sie in Frage stellen könnte. Und dass „dingliche Vernunft" selbst

2 Elemente einer Kritik der dinglichen Vernunft

die Dinglichkeit nicht in Frage stellt, versteht sich. Woher aber dennoch die Widerständigkeit, die so manch kritische Überlegung hervorbringt?[7]

Die Antwort liegt nahe. Dieselbe Moderne, die sich heute zur Absolutheit aufbläst, impliziert nicht nur die genannten Widersprüche, sondern hat dereinst das genaue Gegenteil historisch annonciert – und das ist nicht überall vergessen. Schließlich sollte die Befreiung aus dermaliger Metaphysik und Religion eine un-endliche *menschliche* Freiheit eröffnen, eine fortschreitende Vervollkommnung der bestehenden Welt im Unterschied zur Vertröstung auf die nächste. Nun haben wir die eine verloren, ohne die andere gewonnen zu haben. Kein Jenseits tröstet mehr, und das Diesseits erscheint als ein Gehäuse der Hörigkeit, demgegenüber selbst das Webersche nur ein Kinderlaufstall war. Deswegen schreit die Alternativlosigkeit nach einer Alternative.

Doch die ist nicht leicht zu finden. Die „moderne" Vernunft hat Freiheit durch Verdinglichung selbstgesetzter Zwänge verabschiedet – und ist und bleibt doch die einzige Instanz, die Befreiung bringen kann. Damit ist zum einen klar, dass die Rettung nicht darin bestehen kann, qua Vernunft eine bessere Welt zu entwerfen und zu propagieren. Das hieße erstens, die eigene Lage nicht zu begreifen, und zweitens, die aufklärerisch-technische Illusion zu erneuern. Weltbildhauerei kann keine adäquate Antwort auf eine Welt sein, die sich auf „dingliche Vernunft" gründet, weil sie selbst von ihr getragen wäre. Zum anderen kann es auch Rückzug nicht sein, weil er der technischen Katastrophe freie Hand gäbe. Was tun?

These: *Die Alternative zur Alternativlosigkeit ist es, sie anzunehmen.* Schon damit hat sie – in gewisser Weise – aufgehört, alternativlos zu sein. Das Denken der Alternativlosigkeit ist über sie hinaus, ohne wissen zu können, was danach kommt, die eigene Notwendigkeit aber wohl wissend. Wo die Alternativlosigkeit als Not – unser aller! –

---

[7] Erinnert sei hier nur an Heideggers Rede von der „Not der Notlosigkeit" im Zeitalter der Technik oder jüngst Robert Menasses Vorlesungen *Die Zerstörung der Welt als Wille und Vorstellung*, Frankfurt/M. (Suhrkamp) 2006.

begriffen wird, ist sie im Ansatz schon gebrochen. Das sind zwar nur Gedanken, die auf Taubenfüßen daherkommen, aber wir sollten nicht vergessen: „ist erst das Reich der Vorstellung revolutioniert, so hält die Wirklichkeit nicht aus."[8]

Machen wir uns also nichts vor. Das Freiheitsversprechen der Moderne setzt einen sich seiner selbst und seines Tuns bewussten und mächtigen Menschen voraus. Dies hat sich als Illusion erwiesen, und zwar nicht erst geschichtlich im 20. Jahrhundert, sondern längst schon philosophisch bei dem eben zitierten Hegel. Sein Insistieren auf der prinzipiellen und unhintergehbaren Differenz von Verstand und Vernunft hatte längst vor aller Hirnforschung darauf verwiesen, dass der verständig denkende - d.h. auch und ganz besonders: der aufgeklärte – Mensch der Logik seines eigenen Verstandes und damit der Logik der darauf gegründeten Handlungen niemals mächtig ist und werden kann. Und dass derselbe Mensch stets und ebenso unhintergehbar gezwungen ist, mit diesem in wohlbestimmte Grenzen eingeschlossenen Verstand zu denken und darauf sein Tun zu begründen. Mit anderen Worten: dass Denken wie Praxis des Menschen *immerwährende Widersprüchlichkeit* darstellen, darauf zu reagieren er immer aufs Neue gezwungen ist, um auf diese Weise neue Widersprüche hervorzubringen. Die *Phänomenologie des Geistes* stellt diesen Prozess auf eindrucksvolle Weise dar und sie gipfelt entgegen landläufiger Meinung nicht in einem Ende der Geschichte, wo der Mensch das absolute Wissen „habe" und damit seiner selbst mächtig geworden sei, sondern in der Erkenntnis eines absolutes Wissens, das darin besteht, um die *absolute Endlichkeit* und damit stete Widersprüchlichkeit menschlichen Denkens und Handelns zu wissen. Dass diese Einsicht in der Hegelrezeption mit der Macht des Menschen über sich selbst gleichgesetzt werden konnte, geht auf die Illusion einer sich selbst entzaubert scheinenden Welt zurück, die meint, all dessen mächtig zu sein, was erkannt ist. Eine solche Auffassung spricht das Urteil nicht über Hegel.

In ihr reflektiert sich ein weiteres bestimmendes Moment „dinglicher Vernunft", das aus der Ver-dinglichung, Ver-gegenständlichung menschlicher Beziehungen resultiert:

---

[8] G.W.F. Hegel, *Brief an Niethammer* vom 28.10.1808

2 Elemente einer Kritik der dinglichen Vernunft

der von der modernen Naturwissenschaft inaugurierte Glaube, der Objekte auch mächtig zu sein, d.h. sich ihrer ganz willkürlich auch bedienen zu können. Dazu hat Martin Heidegger das Nötige gesagt[9], was jedoch das vorherrschende Bewusstsein nicht daran hindert, an dieser δοξα hartnäckig festzuhalten.

Doch es gilt noch eine weitere Illusionen abzulegen, nämlich die vom designierten revolutionären Subjekt Proletariat. Denn dieses Proletariat hat den Kapitalismus, die bürgerliche Gesellschaft und ihren Staat nach Marxens Zeiten soweit verändert, dass aus der Klasse, die bloßes Objekt ihrer ökonomischen wie politischen Herren gewesen ist, Sozialpartner und politisch gleichberechtigte Bürger wurden. Das mag manchem selbsterklärten Geschichtsrichter nicht genügen, weil er gerne die Arbeit schon als getan vorfände. Vergleicht man die gesellschaftliche und politische Situation in Westeuropa - und speziell in Deutschland - zwischen dem ausgehenden neunzehnten Jahrhundert und dem zwanzigsten, dann sind jedoch die qualitativen Veränderungen unübersehbar. Insofern hat diese Klasse Proletariat eine veritable Revolution durchgesetzt, auch wenn sie nicht den Hoffnungen entsprach, die viele darauf gesetzt hatten. Allerdings zeigt sich bei nüchterner Betrachtung auch, dass die große (sozialdemokratische) Mehrheit eben auch nichts anderes wollte, als Sozialpartner und Staatsbürger zu werden. Dies zu erkennen, genügt ein Blick in die diversen Programme vom Gothaer bis einschließlich des so genannten „marxistischen" Erfurter.

Das revolutionäre Subjekt hat in ganz unerwarteter Weise Marxens Prognose hinsichtlich des Tradierens bestimmter „Muttermale" profund bestätigt. Dass der Kapitalismus der sozialen Marktwirtschaft sich wesentlich von dem zu Marxens Zeiten unterscheidet, dürfte ebenso unbestreitbar sein wie die Tatsache, dass er in bestimmter Weise nicht aufgehört hat, Kapitalismus zu sein. Daher erscheint Adornos „grimmige Scherzfrage": „Wo ist das Proletariat?"[10] ebenso berechtigt wie oberflächlich. Sie sieht einerseits soziologisch den Fortbestand des Proletariats, weil die Lohnarbeit nicht aufgehört hat, Lohnarbeit zu sein mit allen ihren Implikationen

---

[9] Vgl. Martin Heidegger, *Die Frage nach der Technik*
[10] Theodor W. Adorno, *Minima Moralia* 124: Vexierbild (GS 4, S. 221)

von Abhängigkeit, Entmündigung und Demütigung. Andererseits ignoriert sie die qualitativen Veränderungen hin zu Sozialpartnerschaft und Massendemokratie und lebt im übrigen, wie mir scheint, letztlich auch noch von der Enttäuschung, dass dieses Proletariat vorher den Nationalsozialismus nicht verhindert und nachher darauf nicht mit revolutionären Anstrengungen reagiert hat.

Das aber hieße, wie man heute sagen kann, zuviel erwarten. Denn eine Bewegung, die im und vom Kapitalismus nur anständig behandelt werden will, ist nicht dazu angetan, ihn gänzlich aufzuheben. Ja noch schlimmer: Sie lässt sich gar von ihm vereinnahmen, wenn er jenseits der Sozialpartnerschaft und des unablässigen sozialen wie politischen Kampfes die Einheit und Einigkeit der „Volksgemeinschaft" (ein in der Arbeiterbewegung durchaus nicht unbekannter, wenngleich anders konnotierter, Terminus) annonciert. Nach dem militärischen Ende des Nationalsozialismus konnte dieser somit sozialpolitisch-ideologisch unbestritten fortleben. Sämtliche politischen Parteien gerieren sich nunmehr als „Volks"parteien (wie immer so was funktionieren soll, solange Partei noch von pars hergeleitet wird), aus der „Gemeinschaft der Demokraten" gibt es keine Austrittsmöglichkeit (obgleich die draußen bleiben, welchen der Eintritt verweigert wird) und heutzutage sind „alle" im „Kampf gegen den Terror" aufs Neue *geeint*.

Das sind Hitlers späte Triumphe: Die Heiligkeit der Volksgemeinschaft und das Ende der Geschichte. Beide segnen sich wechselseitig ein. Weil zur Volksgemeinschaft keine Alternative besteht, gibt es keine Geschichte mehr, und weil es keine Geschichte mehr gibt, ist die Volksgemeinschaft ihr letztes Wort. Herrschaft der „dinglichen Vernunft". Dies bietet zweierlei Vorteil: Zum einen lassen sich die Gegner solcher Einheit in wohlbekannter Tradition als Nörgler oder Zersetzer beiseite stellen, zum anderen erspart es alle weitere Beschäftigung mit der so lästigen „Vergangenheit". Außer – mangels noch lebender Täter – auslaufender juristischer „Bewältigung" bedarf es scheinbar nur noch der gedenktagmoralischen, nach wie vor aber keiner Auseinandersetzung mit der geistigen Basis, die sich hinter diesen Kulissen und durch Erheben des großen Zeigefingers gegen „Neonazis" unbefragt erhal-

2 Elemente einer Kritik der dinglichen Vernunft

ten kann. So lässt sich selbst noch die Schande von Auschwitz vergessen, so sterben die Toten einen zweiten Tod, denn sie sind noch immer vor dem Feind nicht sicher.[11]

Die dereinst revolutionäre Klasse ist dort geblieben, wo sie sich von Hitler hat hinführen lassen. Und selbst denjenigen, die sich dessen noch zu schämen vermochten, den berühmten „68ern", fehlte trotz aller theoretischen Anstrengung die Einsicht in diese Bedingungen. Ihre – in jedem Sinne - große Illusion bestand im Glauben, aus der Geschichte lernen und Gesellschaft wie Staat entsprechend herstellen zu können. Mit Hilfe des Proletariats sollte eine BRD entstehen, die innen- und außenpolitisch tatkräftig für Verhältnisse sorgte, die keinen zweiten Rückfall in die Barbarei zuließen. Neben ihrem naiven Glauben an die frühere revolutionäre Klasse ist die Bewegung auch an ihrer technizistischen Geschichtsauffassung gescheitert. „Was die Erfahrung aber und die Geschichte lehren, ist dieses, dass Völker und Regierungen niemals etwas aus der Geschichte gelernt und nach Lehren, die aus derselben zu ziehen wären, gehandelt haben. Jede Zeit hat so eigentümliche Umstände, ist ein so individueller Zustand, dass in ihm aus ihm selbst entschieden werden muss und allein entschieden werden kann."[12]

An diese Einsicht müssen wir uns halten, und das heißt: die gegebenen Bedingungen für eine neue Freiheit erkennen, eine Freiheit, die sich nicht den kapitalistischen Markt als den Markt schlechthin verkaufen lässt, nicht die imperialistische Globalisierung als demokratische Mission, nicht die Abwehr des Terrors als Kampf der Kulturen, nicht historisch-gesellschaftlich gegebene Zwänge als solche von Sachen und nicht die systemlogisch gesetzte Zukunft als Zukunft schlechthin. Immerhin hat ja selbst die wohlsituierte Soziologie mit Begriffen wie „Risikogesellschaft" oder „reflexive Modernisierung" schon Vokabeln des Zweifels in die Welt gesetzt, auch wenn ihr der Blick auf gesellschaftliche Alternativen fehlt.

---

[11] Vgl. Walter Benjamin, *Über den Begriff der Geschichte* VI
[12] G.W.F. Hegel, *Vorlesungen über die Philosophie der Geschichte* (TWA 12, S. 17)

III Reflexionen über Technik

Was folgt nun aus alledem, nimmt man die immanente Widersprüchlichkeit „dinglicher Vernunft", ihre Verabschiedung hinsichtlich der Möglichkeiten politischen Handelns und die aktuelle Alternativlosigkeit zusammen? Was ergibt sich aus dem Annehmen der Alternativlosigkeit? Im Grunde enthalten die Fragen bereits die Antwort, denn die Widersprüche lassen es nicht zu, sich mit ihnen zu beruhigen, und die Einsichten verhindern das vorschnelle Entwickeln von Rezepten, ja implizieren gar eine prinzipielle Kritik an jeglichen Versuchen dieser Art. Es bleibt nur, die menschheitsgeschichtlich neue Lage in aller Radikalität zu bedenken und darauf zu beharren, diese Auseinandersetzung ganz in der Tradition der Versprechen der Moderne als öffentliches Raisonnement geltend zu machen.

Noch nie war eine Gesellschaft in der Situation, angesichts der Notwendigkeit einer qualitativen Veränderung ihrer selbst ohne jede Perspektive dazustehen. In vormodernen Zeiten existierte das Problem nicht, denn die gegebenen Verhältnisse standen ohnehin nicht an, vom Menschen gezielt verändert zu werden. Das neuzeitliche Denken, das diese Möglichkeit in die Welt gebracht hat, besaß in seinem Jünglingsalter die Aussicht auf „Freiheit, Gleichheit, Brüderlichkeit" und zur Reifezeit die sozialistisch-kommunistische Alternative. Nach deren Verschwinden stehen wir scheinbar mit leeren Händen dar. Doch dem ist, wie mir scheint, nicht so.

Die Alternativlosigkeit annehmen heißt demzufolge: diese menschheitsgeschichtlich neue Lage ernst nehmen. Wenn es denn so sein sollte, wie Hegel und Marx behaupten, dass gesellschaftliche Formationen nicht untergehen, weil irgendwelche freundlichen Menschen irgendeine lichte Zukunft in die Wolken malen, sondern weil diese Verhältnisse mit sich selbst nicht mehr aushalten, dann ist danach zu fragen, wie und wo solches heutzutage geschieht. Es ist also der Blick zu richten auf die berühmten Widersprüche, von denen hier schon die Rede war, und auf die *Art* des Umgangs mit ihnen.

In allererster Linie hätten wir uns darüber klar zu werden, dass nicht nur keine gesellschaftliche Perspektive gegeben ist, sondern dass uns im Zeitalter des Nihilis-

2 Elemente einer Kritik der dinglichen Vernunft

mus sogar die ethisch-moralischen Maßstäbe fehlen, die gegebene Situation zu kritisieren. Damit kehre ich zum Anfang zurück: Moralische Empörung bildet zwar den Anlass des vorliegenden Unternehmens, nicht aber seinen Inhalt. Bis hierher war vom Inhalt die Rede, jetzt zeigt sich die Notwendigkeit einer Rechtfertigung der moralischen Empörung. Denn selbst wenn es so sein sollte, dass „dingliche Vernunft" und ihre Verwirklichungen in sich widersprüchlich wären, so könnte niemand sich darüber erregen, solange es dazu keine Alternative gäbe. Die Wut über die Verhältnisse impliziert immer schon den Blick über sie hinaus.

Dieser Blick kann aber Ideologie im schlechtesten Sinne sein, sofern an der Alternativlosigkeit der herrschenden Bedingungen festzuhalten wäre. D.h. die Kritik hat zweierlei zu leisten: Zum einen muss sie die Möglichkeit des Brechens der Alternativlosigkeit nachweisen, zum anderen muss sie die Maßstäbe ihrer Kritik legitimieren. Wir sehen schnell, dass das eine mit dem anderen zusammenfallen muss, soll die Kritik dem Kritisierten nicht äußerlich bleiben. Denn die inneren Widersprüche „dinglicher Vernunft" selbst sind es, wie wir gesehen haben, die eine Perspektive über die aktuellen Petrifizierungen hinaus nicht nur erlauben, sondern selbst eröffnen. Hier haben wir uns allen Gutmenschentums zu entschlagen. Nicht irgendeine allgemein menschliche Gewissensausstattung gibt uns – auch die ethisch-moralischen - Maßstäbe an die Hand, sondern die Verhältnisse selbst. Hegel hätte da vom „objektiven Geist" gesprochen. Es wird sozusagen ein Fenster geöffnet, durch das diverse Veränderungen sichtbar werden, nicht aber eine gänzlich offene Zukunft, in der alle möglichen Wünschbarkeiten zur Verwirklichung stünden.

Was können wir durch dieses Fenster erkennen? Unsere Resultate: Wenn es bis heute eine Geschichte gegeben hat, dann ist nicht auszumachen, weshalb es morgen keine mehr geben sollte, weil und insofern die „Sachzwänge" eben keine sind. Und wenn Freiheit den Menschen auszeichnet, dann spricht nichts dagegen, dass er sie sich nimmt, um die Welt zu verändern. Doch die neuzeitlich erstmalige Situation, dass sich der Mensch im Unterschied zur bürgerlichen und sozialdemokratischen Revolution, wo er seine Freiheit in je spezifischer Weise und humanitärer Absicht bewusst

III Reflexionen über Technik

wahrnahm, in der gegenwärtigen scheinbaren Ausweglosigkeit nicht mehr derart naiv auf seinen Freiheitsanspruch berufen kann, enthält als Kehrseite auch eine abgrundtiefe Gefahr. Denn Freiheit im Zeitalter des Nihilismus bietet nicht nur keine Perspektiven, sondern besitzt auch keinerlei Grenzen, so dass unter der ruhigen Oberfläche allgemeiner Gefügigkeit stets der Umschlag in Barbarei lauert. Die Gefahr ist umso größer, als zu Beginn des 21.Jahrhunderts zum einen der Rückfall in die Barbarei schon stattgefunden hat und zum anderen auch die letzten noch aus dem Christentum stammenden Relikte ethisch-moralischer Grenzen von postmoderner Beliebigkeit ausradiert worden sind. „Anything goes" hat auch diese Bedeutung.

Dem entgegen nun den Versuch zu machen, neue „Werte" zu installieren, zeigt sich nicht nur als bemitleidenswerte Naivität, sondern eben deswegen auch als vergeblich. Da aber Geschichte ohnehin nicht nach moralischen Maßstäben verläuft, sondern von der Dialektik der je gegebenen Verhältnisse bestimmt ist, stellt sich die Frage nach einer möglichen Moral oder Ethik im Zeitalter des Nihilismus im historischen Zusammenhang nur als eine nach Grenzen oder Warnhinweisen im Zusammenhang der Wahrnehmung von Freiheit. Zu verhindern gibt es da nichts außer dem vorwegnehmenden – zwar vergeblichen, aber doch markiert sein sollenden - Hinweis auf die Kinder jenes „Geistes", der heute das „Nie wieder!" in der ersten Reihe intoniert und der bestens prädestiniert ist, vor dem nächsten „Nie wieder!" den Grund für diesen Ruf in die Praxis umzusetzen.[13]

Ich will mich hier nicht mit diesen Gefahren aufhalten. Wenn sich ihnen nicht eine kleine, aber relevante Anzahl von Menschen entgegenstellt, besteht ohnehin keine Chance, sie an der Verwirklichung zu hindern. Und ob es diese kleine, aber relevante Anzahl von Menschen geben wird, vermag niemand zu prognostizieren oder willentlich herzustellen. Vielmehr will ich den Blick auf einige andere heute wirk-liche Widersprüche lenken.

---

[13] Der Anspruch des Eingreifens („Nie wieder!") wird von der „dinglichen Vernunft" immer schon zu seinem Selbstdementi zurückgenommen.

2 Elemente einer Kritik der dinglichen Vernunft

„Eine Gesellschaftsformation geht nie unter, bevor alle Produktivkräfte entwickelt sind, für die sie weit genug ist, und neue höhere Produktionsverhältnisse treten nie an die Stelle, bevor die materiellen Existenzbedingungen derselben im Schoß der alten Gesellschaft selbst ausgebrütet worden sind. Daher stellt sich die Menschheit immer nur Aufgaben, die sie lösen kann …"[14] Nehmen wir versuchsweise Marxens These in der Allgemeingültigkeit, in der sie hier steht, d.h. auch geltend für den Kapitalismus, so finden wir in den *Grundrissen* eine sich derart weit vorwagende prognostische Passage, dass Marx sie vermutlich deswegen nicht in das *Kapital* aufgenommen hat. Aus heutiger Sicht lässt sie sich geradezu als Anleitung zur Analyse der Gegenwart lesen.

Die kapitalimmanent zwingende permanente Steigerung der Produktion relativen Mehrwerts (= Erhöhung der organischen Zusammensetzung des Kapitals) bringe letztlich „ein automatisches System der Maschinerie" hervor, so dass der Produktionsprozess nicht mehr von geleisteter und zu leistender unmittelbarer Arbeit bestimmt ist, sondern subsumiert ist „als technologische Anwendung der Wissenschaft. Der Produktion wissenschaftlichen Charakter zu geben, [ist] daher die Tendenz des Kapitals, und die unmittelbare Arbeit [wird] herabgesetzt zu einem bloßen Moment dieses Prozesses."[15] „Das Kapital arbeitet so an seiner eignen Auflösung als die Produktion beherrschende Form."[16] Denn das Kapital „lebt" von der Aneignung eben der fremden Arbeit, die sie letztlich minimiert und im Produktionsprozess funktional marginalisiert. Je raffinierter die Maschinerie zur Ausbeutung der Arbeitskraft, desto unwichtiger wird eben die Arbeitskraft, auf die es aber letztlich allein ankommt für die Produktion von Wert und Mehrwert. Damit tritt etwas ein, was kapitalistisch nicht sein darf, denn sobald „die Arbeit in unmittelbarer Form aufgehört hat, die große Quelle des Reichtums zu sein, hört und muss aufhören, die Arbeitszeit sein Maß zu sein"[17].

---

[14] Karl Marx, *Zur Kritik der Politischen Ökonomie. Vorwort*, in: MEW 13, S. 9
[15] Karl Marx, *Grundrisse der Kritik der politischen Ökonomie* (MEW 42), S. 594, 595
[16] Ebenda, S. 596
[17] Ebenda, S. 601

III Reflexionen über Technik

Anders ausgedrückt: Wir haben es mit der offenen Konkurrenz zweier Begriffe von gesellschaftlichem Reichtum zu tun – dem herkömmlich kapitalistischen und dem von ihm selbst als in ihm selbst unerträglich hervorgetriebenen. Jener sieht sich gezwungen immer weiter immer mehr unmittelbare Arbeit anzueignen, d.h. Lohnarbeit anzuwenden, kann dies aber nur tun, indem er dieselbe Lohnarbeit minimiert, d.h. er kann es – rein immanent systemlogisch – tendenziell gar nicht mehr tun. Der erste Ausweg ist historisch wie aktuell bekannt: Erhöhung des absoluten Mehrwerts mit Hilfe außerökonomischer Instanzen, will sagen: des Staates und des – warum auch immer – vorherrschenden Bewusstseins. Wenn also der Kapitalismus selbst eine Entwicklungsstufe erreicht, auf der seine Herrschaft „nicht mehr ökonomisch notwendig ist, muss sie, wenn überhaupt aufrechterhalten, als anonyme Herrschaft verteidigt werden."[18] Und genau dies leisten die inzwischen berühmten „Sachzwänge" samt all ihrer ideologischen Geschwister.

Er selbst kommt dadurch aber nicht endgültig aus der Klemme. Denn die Produktion absoluten Mehrwerts impliziert eine Endlosspirale nach unten, die irgendwann auf gesellschaftlichen Widerstand stoßen wird, und die Produktion des relativen verschärft das Problem, dem man entgehen wollte. „Das Kapital ist selbst der prozessierende Widerspruch [dadurch], dass es die Arbeitszeit auf ein Minimum zu reduzieren strebt, während es andrerseits die Arbeitszeit als einzige Maß und Quelle des Reichtums setzt."[19] Man könnte auch sagen, das Kapital bringt sachlich wie begrifflich einen Reichtum hervor, der ihm unerträglich ist. Denn in dem „ungeheuren Missverhältnis zwischen der angewandten Arbeitszeit und ihrem Produkt" lauert das, was Marx die „disposable time"[20] nennt, freie im Sinne von frei von Lohnarbeitszwang existierende Lebenszeit, die den „Sachzwängen" aus dem Ruder zu laufen droht. Dem Anwachsen dieser Drohung lässt sich systemimmanent nur beggnen durch Anwachsen mittelbarer wie unmittelbarer Repression. Marx spricht von der „*Degradation* desselben [des Individuums] ... zum bloßen Arbeiter, Subsumti-

---
[18] Jacob Taubes, *Kultur und Ideologie*, in: ders., *Vom Kult zur Kultur*, 2. Aufl. München (Fink) 2007, S. 291
[19] Marx, a.a.O., S. 601
[20] Vgl. ebenda, S. 604

2 Elemente einer Kritik der dinglichen Vernunft

on unter die Arbeit."[21] Der aktuellen Beispiele gibt es reichlich von Sachzwangideologen wissenschaftlicher wie journalistischer Couleur bis zu Hartz XYZ.

Marx dagegen betont die Momente von Freiheit, die in dieser Entwicklung stecken: „Die freie Zeit, die sowohl Mußezeit als Zeit für höhre Tätigkeit ist – hat ihren Besitzer natürlich in ein andres Subjekt verwandelt, und als dies andre Subjekt tritt er dann auch in den unmittelbaren Produktionsprozess."[22] Wir dagegen stehen heute der Phalanx der Alternativlosigkeit gegenüber, die – logische Ironie der Geschichte – besonders aus denen gebildet wird, die dereinst für das Gegenteil zuständig schienen. „Heute erscheinen die Theoretiker der Reaktion als Ideologen des technischen Fortschritts, während die Theoretiker der Aufklärung das Geschäft der Kritik betreiben, um den Begriff des Fortschritts vor der technologischen Engführung zu retten."[23]

Allerdings, darauf sei abschließend noch einmal hingewiesen, ist „technischer Fortschritt" nicht nur (und vielleicht am allerwenigsten) im Sinne des alltäglichen an der Maschine orientierten Technikbegriffes zu verstehen, sondern im Sinne dessen, was ich hier die „dingliche Vernunft" nenne. Ihr haben sich nicht nur die Maschinentechniker ergeben, ihnen kann man es am ehesten noch nachsehen, sondern auch und gerade diejenigen, die professionell eigentlich für den „kritischen" Blick und das „Hinterfragen" zuständig sind, die akademischen Philosophen. Sieht man von ein paar wenigen Ausnahmen ab, die im übrigen meist auch schon tot sind, so hat sich Philosophie heute auf das Nebeneinander von historischer Erzählung, Geschichte vergangener Meinungen und formaler Logik reduziert.

Auf diese Weise erhalten das Ende der Geschichte und die Logik des Sachzwangs ihre allerhöchsten Weihen. Wenn Philosophie-Betreiben nicht mehr Philosophieren bedeutet, sondern von Philosophie erzählen, dann ist die Epoche der Philosophie

---

[21] Ebenda, S. 604 (Hervorh. R.R.)
[22] Ebenda, S. 607
[23] Taubes, a.a.O., S. 302

beendet, die Philosophie tot. Und wenn sie dort, wo sie noch zu leben behauptet, formale Logik betreibt, dann segnet sie den Verzicht auf Freiheit insofern ein, als sie sie aus der Sphäre des Humanum verbannt. Können wir „vernünftig" nur über objektive Beziehungen, d.h. mathematisch, handeln, dann dient sich Philosophie in ihren letzten Zuckungen als „moderne" Wissenschaft an, und dann verfällt Freiheit der bloßen Meinung, dem Ir-rationalen. Damit aber hat Philosophie abgedankt. Das ist es, was Jacob Taubes die „trahision des philosophes"[24] nennt.

---

[24] Taubes, *Vier Zeitalter der Vernunft*, in: ders., op. cit., S.314, 318

3 Warum gerade Heidegger? (Rotermundt)

Die Frage „Warum gerade Heidegger?" wurde dem Autor dieser Zeilen im Verlauf der letzten Monate immer wieder gestellt, weil und wenn er im Rahmen technikphilosophischer Diskussionen behauptete, Heideggers „Frage nach der Technik"[1] sei die bis heute profundeste und im besten Sinne radikalste Reflexion innerhalb des gesamten „Nachdenkens über Technik"[2]. Der entscheidende Grund für diese These sei hier gleich genannt: Heidegger ist der einzige, der die Frage nach dem *Wesen* der Technik stellt, nicht aber nach einer mehr oder weniger gut begründeten Position *zur* Technik, denn in diesem Fall bleibt Technik in ihrem Wesen stets unbefragt und wird als scheinbar klar gegeben vorausgesetzt. Für fast alle Autoren außer Heidegger ist Technik etwas Technisches und allenfalls als „alt" oder „neu" bzw. „modern" unterschieden. Heidegger dagegen beginnt sozusagen eine Etage tiefer, indem er die *Frage* nach *der* Technik vor alle anderen Reflexionen stellt. Auf diesem Denkweg geht es ihm *nicht* um eine *Meinung* zur Technik, *sondern* um deren *Wesen*. Dies impliziert u.a. und etwas salopp gesagt, dass es eben kein Supermarktregal gibt, in dem man sich die „passende" (wofür? warum?) Technik"philosophie" nach gusto suchen könnte.

Heideggers berühmter Vortrag beginnt mit dem Hinweis, dass das „Wesen der Technik ganz und gar nichts Technisches"[3] sei. Was heißt das? Im Unterschied zu diesem Zugang werden technikphilosophische Reflexionen gängigerweise an einen so genannten „Begriff" von Technik angeknüpft, der diesen selbst gar nicht in Frage stellt, sondern als scheinbar selbstverständlich alle Epochen der Menschheitsgeschichte übergreifend unterstellt. Technik habe es danach immer schon gegeben, und sie stelle eben die epochal je verschiedene Art dar, wie Menschen die sie umgebende Natur qua eigenem Eingriff in irgendeiner Weise umformten. Geht man stillschweigend – und damit behauptend ein anderes gäbe es nicht – von diesem Technikver-

---

[1] Ich zitiere nach: Martin Heidegger, Die Frage nach der Technik und die Kehre, Stuttgart (Klett-Cotta) 10. Aufl. 2002 sowie M. H., Vorträge und Aufsätze, 4. Aufl. Pfulllingen (Neske) 1978 (Sigle: VA)
[2] Christoph Hubig / Alois Huning / Günter Ropohl (Hg.), Nachdenken über Technik, 2. Aufl. Berlin (Ed. Sigma) 2000
[3] Heidegger, Technik, S. 5

III Reflexionen über Technik

ständnis aus, so zergeht eben der qualitative Unterschied zwischen menschlichem Eingreifen vor der Neuzeit und in ihr, auf den es Heidegger ankommt und von dem er behauptet, es handle sich um einen wesentlichen.

Nicht mehr wird die Frage gestellt, was Technik *sei*. Vielmehr wird die Frage als je schon beantwortet und damit neuerlich zu stellen als sinnlos vorausgesetzt. Weisen der Technik in Antike, Mittelalter und Neuzeit unterscheiden sich dann nur noch nach schwer begründbaren, weil letztlich beliebigen *technischen* Merkmalen. Auf diesem Weg wird Technik zu dem Technischen, dem Heidegger das philosophische Recht bestreitet.

Dieses Verständnis war zu Heideggers Zeit ebenso symptomatisch, wie es dies seit Ernst Kapp[4] auch noch heute ist. Dafür seien hier nur einige – in beliebiger Zahl zu ergänzende - Beispiele genannt. Karl Jaspers etwa schreibt: „Das eigentlich Neue, grundsätzlich ganze andere, ohne Vergleich mit dem Asiatischen, völlig Eigenständige, sogar den Griechen Fremde ist allein die moderne europäische Wissenschaft und Technik."[5] Und woran knüpft Jaspers jenes Neue? Hinsichtlich der Wissenschaft handelt es sich um die moderne Rationalität im Gegensatz und Unterschied zu Mythos und Magie und charakterisiert durch ihre an der Mathematik orientierte Methodik.[6] Hinsichtlich der Technik referiert Jaspers das genannte epochenübergreifende Verständnis von Technik als dem vom Menschen gesetzten „Zweck, sein Dasein zu gestalten, um sich von Not zu entlasten und die ihn an-

---

[4] Ernst Kapps Grundlinien einer Philosophie der Technik aus dem Jahr 1877 definieren zum ersten Mal diesen Technikbegriff: „Die Hand ist also das natürliche Werkzeug, aus dessen Tätigkeit das künstliche, das Handwerkszeug hervorgeht. (...) Ist demnach der Vorderarm mit zur Faust geballter Hand oder mit deren Verstärkung durch einen fassbaren Stein der natürliche Hammer, so ist der Stein mit einem Holzstiel dessen einfache künstliche Nachbildung. Denn der Stil oder die Handhabe ist die Verlängerung des Armes, der Stein der Ersatz der Faust." So erscheint das Telegraphenkabel als Nachbildung des Nervenstrangs. „Die Organprojektion feiert hier einen großen Triumph." (Kapp, zit. nach: Thomas Zoglauer (Hg.), Technikphilosophie, Freiburg / München (Alber) 2002, S. 70 f, 79)
[5] Karl Jaspers, Vom Ursprung und Ziel der Geschichte, Frankfurt/M. – Hamburg (Fischer Bücherei) 1955, S. 81
[6] Vgl. ebenda, S. 82 f

3 Warum gerade Heidegger?

sprechende Form seiner Umwelt zu gewinnen."[7] Technik erscheint als Mittel, mit dessen Hilfe der Verstand Macht über die Natur ausübt.[8] Das galt natürlich schon immer. Dem gemäß unterscheidet Jaspers die moderne von der früheren Technik durch „die Maschine", genauer: die Energiemaschine, beginnend mit dem Ausnutzen der Dampfkraft.[9]

Anderen bildet die Art der Maschine das entscheidende Abgrenzungsmerkmal[10], etwa für die zur feuilletonistischen Plattheit verkommene Bestimmung der Gegenwart als Informationszeitalter oder – ganz „modern" – die mehr oder weniger positiv eingeschätzte Biotechnologie, oder - auf derselben begrifflichen Ebene - die „Todestechnik"[11] des Atomzeitalters[12].

Alle diese Reflexionen über Technik reflektieren im Wortsinne „über" Technik, und zwar über sie hinweg, weil und insofern sie die Frage nach dem, was Technik *sei*, immer schon als beantwortet voraussetzen und folglich die je „modern" genannte an *technischen* Merkmalen von früheren Formen abgrenzen. Dagegen argumentiert Heidegger; dieses heimliche Technikverständnis bildet den zentralen Angriffspunkt seiner Überlegungen. Im Unterschied zu unsrer alltäglichen Auffassung, die meint zu wissen, wovon die Rede sei bei „Technik", rollt er die Frage danach überhaupt erst auf. Methodisch hält er sich dabei an den klassischen Begriff von Kritik im Sinne des κρινειν, des Unterscheidens, Bestimmens, Abgrenzens. Seine Kritik der Technik formuliert also *keine Meinung zu* irgendeiner – wie immer auch – bestimmten „Technik", *sondern* versucht, diese in ihrem „*Wesen*" zu bestimmen.

---

[7] Ebenda, S. 97
[8] Vgl. ebenda, S. 99
[9] Vgl. ebenda, S. 101 f
[10] Vgl. u.a. Max Bense
[11] Vgl. Wolfgang Schirmacher, Ereignis Technik, Wien (Passagen) 1990
[12] Vgl. als „Klassiker" Günther Anders, Die Antiquiertheit des Menschen, 2 Bde., München (Beck) 1956 / 1980

III Reflexionen über Technik

Auf diese Weise unterläuft er die angesichts der vielfältigen mit der Technik verbundenen Probleme gerade heute an die so genannte Philosophie häufig gestellte, von dieser häufig auch akzeptierte - und im übrigen typisch technische! - Frage nach Handlungsanweisungen durch den Verweis auf eine Denkanweisung. „Dies alles vermögen wir nur, wenn wir *vor* der anscheinend immer nächsten und allein als dringlich erscheinenden Frage: Was sollen wir tun, dies bedenken: *Wie müssen wir denken?*"[13] Ehe Philosophie ein Sollen formulieren kann (wenn sie denn das überhaupt kann), bedarf es der Erkenntnis des Seins der in Frage stehenden Angelegenheit. Ansonsten geschieht das, was in der Technik"philosophie" allzu oft geschieht: Auf dem Hintergrund mehr oder weniger offengelegter und mehr oder weniger begründeter (bzw. begründbarer) weltanschaulicher Positionen werden Handlungsanweisungen in Sachen Technik formuliert. Weltanschauung aber und Philosophie unterscheiden sich fundamental.[14]

Denn: „Es hat in der Tat wenig Sinn, sich immer von neuem darüber zu streiten, ob die moderne Technik der Menschheit mehr Vorteil oder mehr Nachteile gebracht habe. Diese Frage ist auf der Ebene, auf der sie meist gestellt wird, unbeantwortbar."[15] Daher halte ich es für außerordentlich wichtig, zunächst mit Heidegger die Frage zu stellen, was Technik sei, um dann über eventuelle Implikationen und Konsequenzen nachzudenken.

---

[13] Heidegger, Kehre, S. 40
„Die 'Philosophien' über die Technik tun so, als ob 'die Technik' und 'der Mensch' zwei an sich vorhandene 'Größen' und Dinge seien, als ob nicht schon die Art, wie das Sein selbst erscheint und sich entzieht, über den Menschen und über die Technik, d.h. über den Bezug zwischen dem Seienden und dem Menschen, also über die Hand und über das Wort und ihre Wesensentfaltung entschieden habe." (Friedrich Kittler, Heidegger und die Medien- und Technikgeschichte – Oder: Heidegger vor uns, in: Dieter Thomä (Hg.), Heidegger-Handbuch, Stuttgart – Weimar (Metzler) 2003, S. 502 f)
[14] Vgl. Martin Heidegger, Die Grundprobleme der Phänomenologie, Frankfurt/M. (Klostermann) 2005 (= GA 24), § 2: „Philosophie kann und muss vielleicht unter vielem anderen zeigen, dass zum Wesen des Daseins so etwas wie Weltanschauung gehört. Philosophie kann und muss umgrenzen, was die Struktur einer Weltanschauung überhaupt ausmacht. Sie kann aber nie eine bestimmte Weltanschauung als diese und jene ausbilden und setzen." (S. 13)
[15] Friedrich Karl Schumann, Mythos und Technik, Köln und Opladen (Westdeutscher Verlag) 1958, S. 13 f

3 Warum gerade Heidegger?

Heidegger knüpft in seinen Überlegungen an das gängige Verständnis von Technik an, um zu zeigen, dass *aus ihm heraus über es hinaus* gegangen werden kann und muss. Das übergreifende Moment, das alle „Technik" von der Antike bis in die Gegenwart ausmacht, ist „das Instrumentale", d.h. die jeweilige Verwendung irgendwelcher Mittel zu irgendwelchen Zwecken. Indem Heidegger diesem Instrumentalen nachfragt, enthüllt sich dessen historische Differenziertheit. Es zeigt sich, dass sich die verschiedenen Weisen des Einsatzes von Mitteln zu Zwecken *wesentlich* unterscheiden, wobei „wesentlich" unter heideggerschem Vorzeichen sehr viel mehr und anderes bedeutet, als gewöhnlich darunter verstanden wird.

Es handelt sich um in jeder Hinsicht – außer der alleroberflächlichsten der Mittel-Zweck-Relation – verschiedene Weisen des menschlichen Verständnisses und der tatsächlichen Beziehung des Menschen zur Natur, zu den Mitteln wie den Zwecken, ja – entscheidend – zu sich selbst. Darauf zielt Heideggers These, Technik sei kein bloßes Mittel, sondern eine „Weise des Entbergens"[16]. „Entborgen" wird das Sein in einem und durch ein je *bestimmtes* Dasein des Menschen, d.h. beim Instrumentalen verschiedener Epochen haben wir es mit einem Plural zu tun, dessen Elemente sich in ihren *Prinzipien* unterscheiden.

Dem gemäß handelt es sich beim „Wesen" der Technik nicht – platonisch - um ein Quasi-Ding, das von seiner Erscheinung wie ein Gegenstand zu unterscheiden wäre, sondern um einen Prozess, um ein Geschehen. In diesem Sinne „west" – so fremdartig das, wie bei Heidegger üblich, klingen mag – das Instrumentale in einem je bestimmten Sinne. Als Hegelianer würde man sagen, der Begriff mache sich geltend, d.h. ein je gegebenes *Ganzes* von menschlichem Selbstverständnis und menschlicher Naturauffassung werde in einer in diesem Ganzen gesetzten Weise tätig.

Dies unterscheidet Heideggers Zugang zur Frage nach der Technik fundamental von allen anderen so genannten Technik-Philosophien. Ein Vergleich damit verbietet sich somit von der Sache her. Aber gerade dieser besondere Zugang macht Heideggers

---

[16] Heidegger, Technik, S. 12 (VA, S. 16)

III Reflexionen über Technik

Denken so unumgänglich. Mögen andere darüber streiten, worin das Besondere der Technik als solcher oder der modernen bestehe, von Heideggers entbergendem Wesen her gesehen zeigt sich *jede* vorneuzeitliche „Technik", *jedes* vorneuzeitliche Instrumentale als in seinen grundlegenden Momenten verschieden von der bzw. dem modernen.

Dieses *moderne* prozessierende „Wesen" der Technik bezeichnend formuliert Heidegger den berühmt-berüchtigten Begriff des „Ge-stells"[17], das – grob formuliert – die in der Neuzeit herrschende und immer mächtiger, undurchdringlicher und (scheinbar) unbefragbarer werdende gegen-ständliche Beziehung des Menschen zu *allem* ihm Begegnenden (d.h. auch zu sich selbst!) bezeichnet. Der Mensch „spreizt sich ... in die Gestalt des Herrn der Erde auf", indem er – qua eigener, doch unbewusster Tat - alles Begegnende sich als Gegen-stand, als Ding gegenüberstellt und dem entsprechend behandelt. Es scheint so, „als begegne der Mensch überall nur noch sich selbst (...) *Indessen begegnet der Mensch heute in Wahrheit gerade nirgends mehr sich selber, d.h. seinem Wesen.*"[18] Und dies geschieht ihm, weil er nichts von seinem Tun weiß, wissen will und meint, nichts wissen zu müssen. In dieser abgrundtiefen Diskrepanz liegt die Gefahr. „Das Gefährliche ist nicht die Technik. Es gibt keine Dämonie der Technik, wohl dagegen das Geheimnis ihres Wesens. Das Wesen der Technik ist als ein Geschick des Entbergens die Gefahr."[19] In dem Anspruch, prinzipiell und letztendlich alles „im Griff" haben zu können, steckt das Problem, nicht in dem einen oder anderen technischen Versagen.[20]

---

[17] Vgl. ebenda, S. 19 (VA, S. 23)
[18] Heidegger, Technik, S. 27 (VA, S. 31)
[19] Ebenda, S. 27 f (VA, S. 31 f)
[20] Dieser Anspruch zeigt sich in all seiner Haltlosigkeit sogar in der Naturwissenschaft selbst. Wie sollte er einzulösen sein, wenn wir bis heute nicht wissen, „was Masse und Materie im Grunde darstellen (...), was Licht und was Materie, also die Atome und Teilchen letztlich sind" (Harald Fritzsch, Eine Formel verändert die Welt, 9. Aufl. München (Piper) 2005, S. 35, 138). Können und dürfen wir mit der Frage nach der Zeit so umgehen, wie es Harald Fritzsch nach dem Vorbilde Newtons tut?: „Ich will nicht versuchen, die alte Frage nach dem eigentlichen Wesen der Zeit zu beantworten. Es kommt mir nur darauf an, wie man die Zeit misst." (Ebenda, S. 155)

3 Warum gerade Heidegger?

Da es sich dabei wie bei allen früheren Formen um eine je bestimmte *Daseins*-Weise des Menschen, um je bestimmtes - „Mensch" und „Natur" umgreifendes – „In-der-Welt-sein" handelt, erscheint von vornherein jeder Streit um die Konkurrenz zu anderen Technik-Begriffen bodenlos. Vielmehr bezeichnet Heideggers Wesen der modernen Technik eine umfassende Kritik des neuzeitlichen Lebens, des „modernen Menschen", die darin gipfelt, diesem Menschen, d.h. auch uns Heutigen, vorzurechnen, zum Hörigen dessen geworden zu sein, was wir in seiner modernen Besonderheit noch gar nicht erkannt, sondern hinter dem epochenübergreifenden allgemeinen Technikverständnis der üblichen Technikphilosophie vor uns selbst unwissentlich verborgen haben und halten: Wir wissen buchstäblich nicht, was wir tun, und wir sorgen unbewusst permanent dafür, es auch nicht zu erfahren. „So zeigt sich etwa Erregendes. Das in den Wissenschaften jeweils Unumgängliche: die Natur, der Mensch, die Geschichte, die Sprache, ist *als* dieses Unumgängliche für die Wissenschaften und durch sie unzugänglich. Erst wenn wir diese Unzugänglichkeit des Unumgänglichen mitbeachten, kommt der Sachverhalt in den Blick, der das Wesen der Wissenschaft durchwaltet."[21]

---

[21] Martin Heidegger, Wissenschaft und Besinnung, in: ders., Vorträge und Aufsätze, 6. Aufl. Pfullingen (Neske) 1990, S. 62
Als ein Beispiel der unbegriffenen Verkehrung des Verhältnisses zwischen dem Hersteller und dem Hergestellten ein Beispiel, das aktueller nicht sein könnte: „Man weiß, dass jetzt im Zusammenhang mit der Konstruktion des Elektronenhirns nicht nur Rechenmaschinen, sondern auch Denk- und Übersetzungsmaschinen gebaut werden. (...) Durch die genannten Maschinen hat sich die *Sprachmaschine* verwirklicht. Die Sprachmaschine im Sinne der technischen Anlage von Rechen- und Übersetzungsmaschinen ist etwas anderes als die Sprechmaschine. Diese kennen wir in der Form einer Apparatur, die unser Sprechen aufnimmt und wiedergibt, die somit in das Sprechen der Sprache noch nicht eingreift. Dagegen regelt und bemisst die Sprachmaschine von ihren maschinellen Energien und Funktionen her bereits die Art unseres möglichen Gebrauches der Sprache. Die Sprachmaschine ist – und wird vor allem erst noch – eine Weise, wie die moderne Technik über die Art und die Welt der Sprache als solcher verfügt. Inzwischen erhält sich vordergründig immer noch der Anschein, als meistere der Mensch die Sprachmaschine. Aber die Wahrheit dürfte sein, dass die Sprachmaschine die Sprache in Betrieb nimmt und so das Wesen des Menschen meistert. Das Verhältnis des Menschen zur Sprache ist in einer Wandlung begriffen, deren Tragweite wir noch nicht ermessen. Der Verlauf dieser Wandlung lässt sich auch nicht unmittelbar aufhalten. Er geht überdies in der größten Stille vor sich." (Martin Heidegger, Hebel – Der Hausfreund, in: ders., Aus der Erfahrung des Denkens (GA 13), 2. Aufl. Frankfurt/M. (Klostermann) 2002, S. 148 f)

III Reflexionen über Technik

Der Vorwurf trifft von Heidegger her gesehen die gesamte übrige Technik-Philosophie. Er trifft aber noch mehr – und viel wichtiger! – das alltägliche Verhalten. Denn diese Hörigkeit nicht zu erkennen, impliziert immer wieder aufs neue, ihr gerade dort anheim zu fallen, wo wir ihr entgangen zu sein glauben. Konkret: Es existieren gar viele kritische Positionen zur modernen Technik, angefangen von Ernst Jünger bis zu Ulrich Beck. Alle aber vereint das heimliche Fortschreiben des *Wesens* eben der Technik, die von Heidegger als „Gefahr" ausgemacht wurde. Denn auf die von diversen Problemen aufgeworfenen Fragen an die Technik werden stets – im Sinne dieses modernen Wesens - technische Antworten gegeben.

Das reicht bis in den schlichtesten Alltag. Taucht irgendwo ein politisches, soziales oder auch privates Problem auf, so heißt die allererst und einzig gestellte Frage nicht: „Wie müssen wir denken?", sondern: „Was müssen wir tun?" D.h. es wird stillschweigend unterstellt, durch die richtige Wahl der Mittel sei der erstrebte Zweck auch zu erreichen. So häufen sich Berge von „Konzepten" auf die vorhandenen Berge von Konzepten, und die einzige Kritik, die laut wird, heißt: Das alte Konzept war falsch, es bedarf eines besseren. Auf exakt diese Weise schreibt sich die Geschichte jener Hörigkeit, von der Heidegger spricht, unerkannt fort und gräbt sich mit jedem Mal tiefer als Selbstverständlichkeit ins Bewusstsein.

Bei Heideggers so genannter Technik-Philosophie handelt es sich also nicht um eine weitere kritische Position zu dem, was alle Welt unter Technik versteht, auch nicht um feuilletonistische Kulturkritik, sondern um einen einzigartigen Zugang zur Frage nach der modernen Technik, der eben wegen seiner Einzigartigkeit nicht in Konkurrenz steht zu den anderen, sondern die *prinzipielle* Kritik an ihnen darstellt, und eben deswegen unumgänglich ist.

Das heißt nicht, Heideggers Position sei sakrosankt. Es heißt vielmehr ganz im Sinne Heideggers selbst, im Sinne des Fragens als der Frömmigkeit des Denkens, sie – im genauen Wortsinne – „in Frage" zu stellen.[22] Andererseits kommt es auch darauf an,

---

[22] Vgl. ebenda, S. 36 (VA, S. 40)

3 Warum gerade Heidegger?

sein Denken nicht unter Wert zu diskutieren, d.h. in erster Linie zur Kenntnis und ernst zu nehmen, dass es sich bei Heideggers Technik-Denken um eine Kritik auf dem Hintergrund der von ihm behaupteten „Vollendung" der abendländischen Philosophie handelt. Dies unter „Technik und Kultur"[23] einzureihen, verrät bereits ein profundes Missverständnis. Selbst beispielsweise Friedrich Rapp transportiert dieses Missverständnis, wenn er zwar einerseits erkennt, dass sich Heideggers „Untersuchung des Phänomens der Technik" auf die „Kritik des 'Willens zum Willen'", d.h. auf den Nihilismus als Vollendung der abendländischen Metaphysik rückbezieht, andererseits aber – worauf genau genommen schon die Formulierung „Phänomen der Technik" verweist – in seiner Kritik an Heidegger an der Oberfläche verbleibt und ihm vorhält, diverse Phänomene der Moderne wie „Individualismus", „Autonomiebestreben" und „Wertepluralismus" nicht recht bedacht zu haben.[24] Von Heidegger her gälte es dagegen just diese Elemente als heute nachgerade technisch verstandene und gehandhabte zu enthüllen, was vermutlich nicht allzu schwer fallen dürfte.

Die Schwierigkeit des Rückbezugs auf die Vollendung der Metaphysik dürfte auch Ursache dafür sein, dass an Heideggers Technik-Denken in der Literatur nur wenige Anschlüsse zu finden sind. Die meisten Autoren begnügen sich mit dem Versuch einer Darstellung des Technik-Vortrages und seiner Bezüge zu anderen Werken Martin Heideggers. Zu den wenigen, die anzuschließen versuchen, gehören Friedrich Karl Schumann[25] und Karl-Heinz Volkmann-Schluck, der insbesondere auf die Mathematisierung im „Wesen" der Technik hinweist und damit einen Weg fortsetzt, den Heidegger mit einigen Verweisen auf die Kybernetik angedeutet hatte.[26]

---

[23] Vgl. Hubig u.a., Nachdenken, S. 45
[24] Vgl. ebenda, S. 169 bzw. 173
[25] Vgl. Schumann, Mythos, insbes. S. 23 ff
[26] Vgl. Karl-Heinz Volkmann-Schluck, Einführung in das philosophische Denken, Frankfurt/M. (Klostermann) 1965, S. 59 ff
„Die übliche Meinung, wonach die Technik lediglich in der Anwendung naturwissenschaftlicher Erkenntnisse auf die Lebenspraxis bestehe, zielt zu kurz. Diese Anwendung ist nur möglich, weil die Naturerkenntnis selbst schon technisch [im Sinne des Heideggerschen Technik-Begriffs, R.R.] ist, und zwar als Erkenntnis. Welchen Wesens ist diese Erkenntnis? Ein Wissen, welches in sich die Gesetze der Erzeugung der Gegenstände einschließt, ist die Mathematik. Die in sich

III Reflexionen über Technik

Dies gilt auch und besonders für die Begriffe der „Gefahr" und der „Rettung", die Heidegger im Technik-Vortrag wie in der „Kehre" thematisiert. Es kann nicht darum gehen, diesen Hölderlinsch-Heideggerschen Gedanken „Wo aber Gefahr ist, wächst das Rettende auch"[27] schlicht abzuweisen, sondern nur darum, sich in die von Heidegger eröffnete Problematik – und das heißt insbesondere der Frage nach der Vollendung der Metaphysik – hineinzustellen.

„Es ist jenes Fragwürdige, dafür wir heute noch nicht einmal den rechten Namen kennen: dass sich die technisch beherrschbare Natur der Wissenschaft und die natürliche Natur des gewohnten, gleichfalls geschichtlich bestimmten Wohnens des Menschen wie zwei fremde Bezirke gegeneinander absetzen und mit einer ständigen Beschleunigung immer weiter voneinander wegrasen. Es ist jenes Fragwürdige, dass die Berechenbarkeit der Natur für den einzigen Schlüssel zum Geheimnis der Welt ausgegeben wird. Es ist jenes Fragwürdige, dass die berechenbare Natur als die vermeintlich wahre Welt alles Sinnen und Trachten des Menschen an sich reißt und das menschliche Vorstellen zu einem bloß rechnenden Denken verändert und verhärtet. Es ist jenes Fragwürdige, dass die natürliche Natur in das Nichtige eines Phantasiegebildes herabsinkt und nicht einmal mehr die Dichter anspricht.
Es ist jenes Fragwürdige, dass die Dichtung selbst keine maßgebende Gestalt der Wahrheit mehr zu sein vermag."[28]

Es geht dabei um nicht mehr und nicht weniger als darum, ob es – wie etwa Vittorio Hösle behauptet – einen vernunftbegründeten Weg aus dem „Wesen der Technik" gibt, ob es möglich ist, „Macht und Herrschaft des Menschen über die Natur als *verantwortliche* und *sich selbst verantwortende* zu denken"[29] oder ob ein Hören auf das Sein

---

selbst schon technisch bestimmte Naturwissenschaft kann deshalb ihrer Methode nach nur mathematisch sein. (...) weil die Naturerkenntnis technisch ist, muss sie sich mathematisch einrichten." (Ebenda, S. 64 f)
[27] Vgl. Heidegger, Technik, S. 35, 41 (VA, S. 39)
[28] Martin Heidegger, Hebel, S. 146
[29] Andreas Großmann, Kunst, in: Zeitschrift für philosophische Forschung 52 (1998), S. 61

3 Warum gerade Heidegger?

im Zeitalter der „Not der Notlosigkeit"[30] gelingen kann – und was „gelingen" dabei meinen könnte. Im Hintergrund erscheint hier Heideggers Begriff der „Gelassenheit"[31], der nicht weniger umstritten ist als der der Technik. Da bleibt noch viel zu tun.

---

[30] Vgl. Rainer Rotermundt, Konfrontationen, Würzburg (Königshausen und Neumann) 2006, S. 63 ff
[31] Vgl. Martin Heidegger, Gelassenheit, 13. Aufl. Stuttgart (Klett-Cotta) 2004, S. 7 ff

IV Personenregister

A

ADORNO, Theodor W. 106, 129

ANDERS, Günther 141

APEL, Karl-Otto 29

ARENDT, Hannah 94f

ARISTOTELES 61, 99, 119

B

BECK, Ulrich 146

BECKERS, Eberhard 113

BECKMANN, Jan P. 117

BENJAMIN, Walter 131

BENSE, Max 141

BÖCKENFÖRDE, Ernst-Wolfgang 22, 30f

BRENNECKE, Volker M. 96, 107

D

DESCARTES, René 25, 98, 111f, 119

F

FRITZSCH, Harald 144

G

GETHMANN, Carl Friedrich 95, 100, 103, 106, 108ff, 117f

GETHMANN-SIEFERT, Annemarie 95, 100, 103, 108ff, 117f

GROßMANN, Andreas 149

GRUNWALD, Armin 100, 113, 118

H

HABERMAS, Jürgen 34, 97ff, 107, 119, 124

IV Personenregister

HEGEL, Georg Wilhelm Friedrich 29f, 47ff, 57, 66, 68f, 73, 90, 123f, 128, 131ff

HEIDEGGER, Martin 10, 19f, 32f, 41, 47, 49f, 66f, 69, 73, 78, 90f, 123f, 127, 129, 139ff

HEIDEMANN, Dietmar H. 111

HITLER, Adolf 130f

HOBBES, Thomas 97, 119

HORKHEIMER, Max 51

HÖSLE, Vittorio 29, 149

HUBIG, Christoph 110f, 114, 139, 147

HUNING, Alois 113, 139

HUSSERL, Edmund 98

J

JANICH, Peter 98, 100

JASPERS, Karl 140f

JÜNGER, Ernst 146

K

KANT, Immanuel 5, 42, 90f, 111f, 117

KAPP, Ernst 140

KERSTING; Wolfgang 112

KICK, Hermes Andreas 113

L

LEIBNIZ, Gottfried Wilhelm 30, 119

LENK, Hans 106, 108, 111, 119

LORENZ, Konrad 51

LUKÁCS, Georg 124

M

MACCORMAC, Earl R. 106

MAGUIRE, Gerald Q. Jr. 107f

IV Personenregister

MARCUSE, Herbert 107

MARX, Karl 124, 129, 132, 135ff

MENASSE, Robert 127

MITTELSTRAß, Jürgen 95, 106f, 108

N

NEWTON, Isaac 144

NIETZSCHE, Friedrich 30ff, 41, 91

P

PIEPER, Annemarie 96, 113, 118

PLATON 39, 53, 61, 77

R

RAPP, Friedrich 24, 96, 98, 102, 109, 111, 114, 147

ROPOHL, Günter 106, 110, 113f, 119, 139

S

SACHSSE, Hans 110

SCHIRMACHER, Wolfgang 141

SCHMITT, Carl 31

SCHUMANN, Friedrich Karl 142, 147

SELLARS, Wilfrid 9, 14, 43, 51, 56f, 65f, 72, 78, 80, 85

SOKRATES 60, 67, 88

SPAEMANN, Robert 108

SPINOZA, Baruch de 61

STRÖKER, Elisabeth 106, 111

T

TAUBES, Jacob 136ff

TURING, Alan 68

IV Personenregister

V

VOLKMANN-SCHLUCK, Karl-Heinz 147f

W

WITTGENSTEIN, Ludwig 65, 72

Z

ZIMMERLI, Walther Ch. 106

TRANSFER AUS DEN SOZIAL- UND KULTURWISSENSCHAFTEN

Band 1 Ulrich Deinet/Christoph Gilles/Reinhold Knopp (Hg.): Neue Perspektiven in der Sozialraumorientierung. Dimensionen – Planung – Gestaltung. 218 Seiten. ISBN 978-3-86596-047-4. ISBN 3-86596-047-2

Band 2 Klaus Sander/Torsten Ziebertz: Personenzentriert Beraten – Lehren – Lernen – Anwenden. Ein Arbeitsbuch für die Weiterbildung. 256 Seiten. ISBN 978-3-86596-086-3. ISBN 3-86596-086-3

Band 3 Hans-Ernst Schiller: Das Individuum im Widerspruch. Zur Theoriegeschichte des modernen Individualismus. 362 Seiten. ISBN 978-3-86596-089-4. ISBN 3-86596-089-8

Band 4 Veronika Fischer (Hg.): Chancengleichheit herstellen – Vielfalt gestalten. Anforderungen an Organisations- und Personalentwicklung in der Einwanderungsgesellschaft. 136 Seiten. ISBN 978-3-86596-122-8

Band 5 Reinhold Knopp/Thomas Münch (Hg.): Zurück zur Armutspolizey? Soziale Arbeit zwischen Hilfe und Kontrolle. 200 Seiten. ISBN 978-3-86596-123-5

Band 6 Ingrid Breig/Verena Leuther: 50plus und arbeitslos – ohne Arbeit leben lernen?! 222 Seiten. ISBN 978-3-86596-129-7

Band 7 Ruth Enggruber/Ulrich Mergner (Hg.): Lohndumping und neue Beschäftigungsbedingungen in der Sozialen Arbeit. 130 Seiten. ISBN 978-3-86596-133-4

Frank & Timme

Verlag für wissenschaftliche Literatur

TRANSFER AUS DEN SOZIAL- UND KULTURWISSENSCHAFTEN

Band 8 Erik Oschek: Ist der deutsche Sozialstaat gerecht? Eine sozialphilosophische Betrachtung für die Soziale Arbeit. 184 Seiten. ISBN 978-3-86596-140-2

Band 9 Peter Bünder/Lilo Schmitz/Doris Krumpholz (Hg.): Neuere Konzepte und Praxis systemischer Beratung. Reader zur systemischen Fachtagung „Beratung im Alltag – Alltag als Therapie!?" vom 16. bis 17. November 2006 in Düsseldorf. 204 Seiten. ISBN 978-3-86596-147-1

Band 10 Christine Brinkmann/Reinhold Knopp (Hg.): Gerechtigkeit – auf der Spur gesellschaftlicher Teilhabe. Betrachtungen aus unterschiedlichen Fachdisziplinen. 164 Seiten. ISBN 978-3-86596-223-2

Band 11 Jürgen H. Franz/Rainer Rotermundt: Technik und Philosophie im Dialog. 158 Seiten. ISBN 978-3-86596-246-1

Band 12 Heinz Burghardt/Ruth Enggruber (Hg.): Soziale Dienstleistungen am Arbeitsmarkt in professioneller Reflexion Sozialer Arbeit. 316 Seiten. ISBN 978-3-86596-282-9

Band 13 Christian Bleck: Effektivität und Soziale Arbeit. Analysemöglichkeiten und -grenzen in der beruflichen Integrationsförderung. 462 Seiten. ISBN 978-3-86596-378-9

Band 14 Thomas Münch/Martina Biesenbach (Hg.): Glück. Ein wissenschaftliches, literarisches und bildendes „Kunstprojekt". 254 Seiten. ISBN 978-3-7329-0008-4

Frank & Timme